遠離產後
不良情緒
做個
快樂新媽咪

前言

Preface

沒有經歷過的人，很難理解與胎寶寶親密相處10個月後的「分離」帶給新媽媽的情感衝擊是怎樣巨大。在分離的那一刻，也許內心還沒有真正成熟起來的她，從此將承擔着另一個生命的責任，她可能會為寶寶正常的哭泣而自責，她會為奶水不足而焦慮，她會為寶寶臉上一個小小的紅點而寢食難安……這一切都是「大懵」的爸爸們「無知無覺」的。

緊張、擔憂、焦慮、恐懼、抑鬱……慢慢佔據新媽媽的心，給新媽媽帶來無盡的困擾和不安。原本開朗的她莫名其妙地變得越來越沉默、抑鬱，有的甚至脾氣變得很壞。美國心理學家指出，生孩子是社會生活中可引起較強烈精神反應的刺激之一。面對刺激新媽媽會出現一系列生理和心理方面的變化，這些變化與個人的性格、身體素質、以往的生活經驗、當時的身體狀態及社會支持等因素相關。每個人情緒低落的程度與持續時間不盡相同，有的新媽媽僅持續1周左右，有的新媽媽則會持續很長一段時間。新媽媽的情緒會對自身和新生寶寶的健康造成一定的影響；因此，新媽媽應正視產後情緒，並積極地進行自我調節。

《遠離產後不良情緒，做個快樂新媽咪》從新媽媽普遍關注的不良情緒説起，深入淺出地介紹了引起這些不良情緒的原因，並提出包括自癒、家人幫助、專業幫助等多個方面的應對方法，幫助新媽媽走出產後不良情緒的孤獨荒野。

目錄 Contents

Chapter 1 關注產後情緒，提升幸福感

Chapter

2 調養身體，減輕產後情緒壓力

Chapter

3 自我療癒，讓陽光驅散迷霧

Chapter 4 溝通＋理解，構建親情療癒網

Chapter 5 尋求專業幫助，走出心靈困境

Chapter 1

關注產後情緒，提升幸福感

新生命的降生是如此神聖而令人充滿喜悅，可對於新媽媽來說，或許還有一場情緒風暴正在醞釀並蓄勢待發，其會給新媽媽及整個家庭造成威脅。關注並遠離這場情緒風暴，是新媽媽及其家人需要共同面對並解決的事。

為何要關注產後新媽媽的情緒？

你知道嗎，全世界有15%～20%的新媽媽正遭受着產後抑鬱症和產後焦慮症等不良情緒帶來的痛苦。這些不良情緒正影響着新媽媽及其家庭，需要我們引起重視並正確對待。

易被忽視和誤解的產後情緒

剛生完孩子情緒不穩很正常，慢慢就會好的，沒必要看醫生；如果你感到抑鬱和焦慮，肯定是你的性格和生活態度有問題；抑鬱的人都是軟弱的……這是很多人，包括新媽媽自己對產後抑鬱、焦慮等不良情緒忽視和誤解的直觀表現。

當抑鬱或嚴重的焦慮影響到新媽媽時，這些忽視和誤解往往會給她們造成更大的影響。比如，有些新媽媽會認為自己是個不合格的媽媽，也感受不到身為母親的快樂；有些新媽媽認為情緒問題是不需要治療的，這種觀念阻礙其獲得及時的幫助和有效的治療。

一般來説，關於產後不良情緒主要有以下幾個方面的誤解，新媽媽可以對照自己的情緒，查看自己是否存在某項或某些誤解，並根據書中的介紹，正確理解它們。

誤解	事實
情緒不好對新媽媽來說很正常。	長時間有沮喪、悲傷、失落感或抑鬱情緒是不正常的。
如果他人了解了我的狀態，他們會把孩子從我身邊帶走。	別人不會因為你有產後情緒障礙，就把孩子從你身邊帶走。
都是因為我太無能、太軟弱了，我不是一個合格的媽媽。	抑鬱和過度焦慮都是不正常的情緒狀態，會讓你感覺痛苦，但並不代表你無能或軟弱，也不表示你就是個不合格的媽媽。
反正治不好，走一步算一步吧！	安全的、有效的治療方法能夠幫助你走出不良情緒的陰霾。

產後情緒影響新媽媽的健康

研究證明，產後積極、快樂的情緒會讓新媽媽更有滿足感和幸福感，身體恢復得也更快；反之，消極、抑鬱的情緒會給新媽媽的身體恢復造成不利影響，甚至誘發或加重疾病。一般來說，產後不良情緒對新媽媽會造成如下傷害。

- 身體抵抗力變弱，易患產後疾病。
- 導致新媽媽食慾缺乏、睡眠不足，身體恢復慢。
- 使新媽媽喪失對生活的信心，做甚麼都感到無能為力，逃避生活。
- 體內激素水平紊亂，易誘發或加重子宮肌瘤、乳腺癌等疾病。
- 影響夫妻關係和人際關係的和諧，給自己、家人和朋友帶來困擾。

新媽媽心情好，寶寶更健康

產後情緒不僅會影響新媽媽的健康，還會給新生寶寶帶來影響。新媽媽心情好、生活積極，不僅能將快樂的情緒帶給孩子，還能更好地照顧孩子；新媽媽情緒不佳，甚至抑鬱，就會給孩子帶來健康隱患，甚至影響孩子的認知和情感發育。

- 拒絕照顧嬰兒，厭惡孩子或害怕接觸孩子，甚至出現一些可怕的想法，傷害到孩子。
- 不良情緒會抑制催乳素的分泌，影響泌乳反射，導致新媽媽的乳汁減少；而且情緒不佳的新媽媽大多容易疲乏，飲食和睡眠欠佳等，有可能造成新媽媽不願意給孩子哺乳，最終導致母乳餵養出現障礙。
- 不能建立正常的母嬰關係，嬰兒的心理發育也會受到影響，孩子出生後前3個月容易出現情緒緊張、易疲憊、行為動作發育不良，而且容易增加孩子罹患多動症的風險。
- 導致孩子出現膽小懦弱、過分敏感、易焦慮、性格孤僻、社會適應性不強等特徵的概率加大。

因此，新媽媽產後一定要注意調適好自己的情緒，尤其在哺乳期內，一定要保持好心情。平時要多抱抱和撫摸自己的孩子，這種目光和肌膚的接觸，可以促進母嬰感情交融，使孩子的身心健康發育。

產後容易出現哪些不良情緒？

新媽媽容易出現的一系列負面情緒，如悲傷、痛苦、憂愁、自卑、焦躁、易怒等，都可稱為產後不良情緒。這些不良情緒程度有輕有重，持續時間有長有短，影響着新媽媽的身心健康。

說不清的產後情緒低落

沒有經歷過的人，很難理解在歷經了與胎寶寶親密相處10個月後突然而來的「分離」，帶給新媽媽的情感衝擊是怎樣巨大，絕非僅是「卸貨」後的輕鬆。

新媽媽為孩子的出生辛苦了數月，並與孩子真正渡過了「血脈相連」的10個月，現在這件大事已經圓滿完成了，新媽媽的情緒有點失落是正常的。而且新媽媽已經不是孕婦，很可能已經不是全家人關注的焦點了，她可能偶爾還會有點傷感，加之連日來的緊張與焦慮，睡眠不足與疲勞，產後身體上的不適等等，都很容易導致新媽媽情緒低落；比如常常會感覺沒來由地想哭、抑鬱、不想説話、渾身提不起勁等。此時，新媽媽應及時尋求家人或朋友的幫助，並進行適當的調整，這樣產後情緒低落的現象才會慢慢好轉。

難以克制的情緒反復

新媽媽的身體正在經歷一系列的改變，體內激素水平也在急劇調整、變化，加之初為人母的心情轉變，新媽媽可能會出現情緒反復、起伏不定的現象。新媽媽可能在這一刻感覺到喜悅與滿足，下一刻就會變得擔憂與茫然。她可能變得易發怒，即使是一件小事也可能大發脾氣；做事説話總是很衝動，特別是對着自己的丈夫和家人，可能在話語上毫不留情、挑剔刁難、尖酸刻薄，動輒又哭又鬧，但在事後又常常會陷入深深的自責中，「我怎麼能這樣」、「其實我心裏面並不想這樣的」。新媽媽可能煩躁不安，一會兒焦慮擔心，一會兒又覺得內心空虛……

如果出現了這些情況，新媽媽一定要及時把自己的想法和心情告訴丈夫、其他家人或是親密的朋友，讓他們了解自己的感受，及時發現異常，也便於尋求醫生的幫助。

談之色變的產後抑鬱症

產後抑鬱症是指女性在分娩後出現的，以心境顯著而持久的低落與抑鬱為基本臨床表現，並伴有一系列的思維和行為異常的情感性精神障礙疾病。產後抑鬱症最常在孩子出生後的第1個月出現，也可能在產後1年內的任何時候出現。所以，在孩子剛出生的幾個月裏，新媽媽要留意自己的情緒狀態，尤其是發現自己正處於情緒告急的狀態中時。

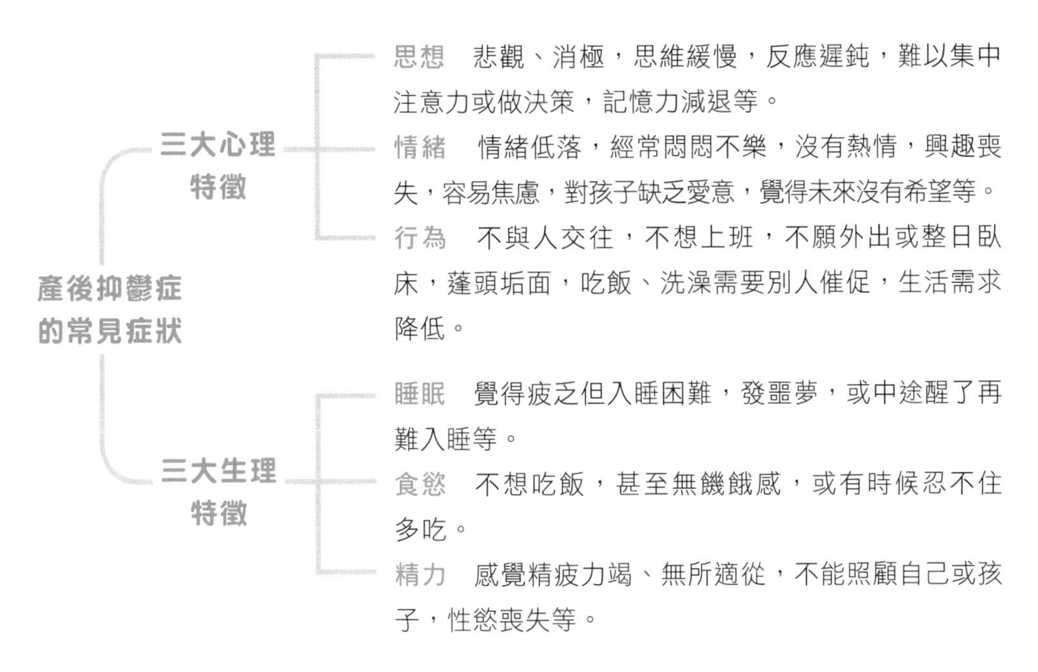

產後抑鬱症還有一些更為嚴重的狀態，包括突然產生要傷害自己或傷害孩子的想法等。不過產後抑鬱症對每一位新媽媽來説都是不一樣的。有的新媽媽症狀可能比較輕微，而有一些則較為嚴重。這些都是真正的疾病症狀，需要給予關注。

一般來説，產後抑鬱症會出現以下不同程度的症狀表現。

- **輕度：**情緒偶爾低落，有一些抑鬱症狀，不能充分享受作為母親的快樂或其他事情所帶來的快樂。不過，新媽媽依然可以照顧好自己和孩子，只要好好調整，很快就能跨過這個坎。
- **中度：**總是情緒低落，難以與孩子建立親密關係。新媽媽會感覺完全不是原來正常的自己，每天都過得非常辛苦。
- **重度：**情緒極端低落，有抑鬱症的大部分症狀。這種情況下，新媽媽通常無法照顧好自己，更無法照顧好孩子。

不被理解的產後焦慮和恐懼

產後焦慮症，確切地説，應該是產後焦慮綜合症，它是新媽媽產後焦慮、恐懼、強迫症、創傷性應激障礙等一系列異常表現的綜合特徵。被焦慮、恐懼等情緒感染的新媽媽，往往會表現出嚴重的焦慮症狀，她們會憂心忡忡，會胡思亂想，會感到莫名的恐慌和暴躁。

相比於產後抑鬱症，人們很少談論產後焦慮症；但它確實常見，很多新媽媽甚至會同時患上產後焦慮症和產後抑鬱症。近年來，產後焦慮症已經越來越受到醫科和臨床關注，並被列為產後不良情緒的一個重要部分。

過度擔心

有產後焦慮的新媽媽，幾乎對所有的事情都過度擔心，如擔心自己的奶水不夠，擔心孩子的睡眠過多，擔心孩子的發育跟不上等等。除此之外，新媽媽通常還會伴有生理上的症狀，如頭疼、頸部和肩膀肌肉緊張、頭暈胸悶、難以入睡等。這些情緒和生理感受佔據了她們的大部分精力，讓她們無法正常照顧自己和孩子。

驚恐障礙

有些新媽媽會突然感到非常強烈的恐慌和恐懼。這種恐懼還伴隨着強烈的生理感受，如心跳加速、呼吸困難、頭暈目眩或頭重腳輕、雙手顫抖、麻木或刺痛、潮熱出汗或怕冷等等。這種情緒感受和生理反應通常會持續10分鐘左右，每發作一次都會給新媽媽帶來極大的心理傷害。

強迫性心理和行為

很多新媽媽由於各種擔憂、想像、強迫性思想、誤解等很容易產生一些可怕的想法，這些想法若一直持續且無法擺脱，會令新媽媽感到非常沮喪而且承受較大的精神壓力，導致反復出現某種令人煩擾的想法或強迫性行為。這也是易被忽視的一種產後焦慮症。

創傷性應激障礙

產後創傷性應激障礙（簡稱PTSD）是由嚴重創傷經歷帶來的情感症狀，患者可能會出現害怕、無助或恐慌的感覺。分娩和生產過程非常不順利，如難產、劇烈的疼痛感或缺乏支持等都可能會引發PTSD。有PTSD的新媽媽可能會迴避自己的孩子，因為孩子會讓她們想起曾經經歷的痛苦。

產後心理健康急症

雖然絕大多數新媽媽不會產生自殺或傷害人的想法，也不會有躁狂的經歷，或是患上精神病；但為了以防萬一，了解一些關於產後心理健康急症的知識還是有必要的。

一般來說，如果新媽媽的感覺與下述症狀基本符合，覺得自己很有可能患有產後精神障礙或正處於高危狀態，那麼現在就要採取行動。

產後心理健康急症自檢	可採取的行動
○ 有自殺的想法，並且有過計劃 ○ 害怕自己真的會做出某種傷害孩子的事情	告訴你的丈夫或朋友，告訴他們你正在經歷甚麼，他們會及時給予你所需要的幫助
○ 無法或不願意照顧自己或孩子 ○ 看到實際不存在的東西或產生幻聽 ○ 有偏執的妄想，認為有人正試圖傷害你或孩子	如果你正在接受醫生或心理諮詢師的治療，請立即通知他們，他們會立即對你的情況做出評估並給予合適的建議
○ 感覺自己受到外在力量的控制，根本不是你自己 ○ 超過2天沒有睡覺或吃東西	如果你沒有心理諮詢師或醫生可以尋求幫助，去離你最近的醫院，確保能及時獲得幫助

為何產後易出現情緒問題？

如果擔心自己會出現產後情緒問題，那麼了解可能引起情緒問題的危險因素很有必要。這樣可以幫助新媽媽及其家人及時做好準備，減少風險。

產後生理激素的改變

從懷孕到生產，女性會經歷體內激素的顯著變化。懷孕時體內的雌激素和孕激素水平在整個孕育過程中穩步升高，而生產時這些激素水平迅速下降。已有研究證明，這種變化產生的極大反差，容易與大腦中控制情緒的化學物質相互作用，從而對人的情緒和行為產生影響。

另外，在產後，大約有5%的新媽媽會患上產後甲狀腺炎。產後甲狀腺炎會造成甲狀腺功能減退，這意味着甲狀腺激素的分泌也會減少。甲狀腺激素在調節情緒方面有着重要作用，甲狀腺激素水平低的患者容易出現情緒低落、疲乏、易怒、活動減少等異常症狀。

孕期或產後併發症帶來的心理壓力

有一些女性很幸運，整個懷孕與生產過程都很輕鬆，幾乎沒有甚麼異常；但也有一些女性沒有那麼幸運，她們在懷孕期間會出現一些身體上的不適，需要住院、臥床休息或是持續的醫學監控，這些孕期的「麻煩」會增加她們的心理負擔，增加患產後抑鬱症的風險。

一些在分娩過程中出現意外或遭遇創傷性事件的新媽媽，比如需要緊急剖宮產或是需要使用產鉗助產等，這些因素容易給新媽媽帶來恐懼和痛苦，使她們擔心孩子的健康，同時擔心自己的健康，她們在產後更容易出現情緒問題。

如果新媽媽在產後出現產褥期疾病，如產褥感染、產後乳腺炎等，也會讓她們感覺無助和痛苦，這些都是導致產後情緒異常的危險因素。已有研究表明，有產後併發症的新媽媽，其產後抑鬱症的發生率明顯高於正常分娩者。

蛋殼心理

蛋殼心理，形容一觸即破的心理狀態，其主要特徵就是脆弱、抗挫折能力較差。蛋殼心理通常容易出現在較為年輕的新媽媽身上。很多年輕的新媽媽的心理還不夠成熟，一旦遇到困難和挫折，其應對能力也會比較弱。而且，很多女性平時就是被照顧、受保護的角色，幾乎沒有吃過甚麼苦，她們的抗壓能力通常會比較低。面對產後生活的巨大變化，一時間很難適應和接受，因而容易產生焦慮或抑鬱的情緒。

經濟負擔

在懷孕期間或產後有嚴重經濟問題的女性，容易感到壓力，產後出現情緒問題的風險更大。相關的因素，如失業，也是危險因素。

有了孩子之後，很多人都會為經濟問題而憂愁，有的夫妻還經常會為錢而爭吵。如果沒有足夠的經濟支持滿足基本的需求，如食物、藥物或醫療，將給照顧孩子和整個家庭增添巨大的壓力。這些對於情緒本就敏感的新媽媽來說無異於火上澆油。

缺乏家人的理解與支持

研究證明，如果女性感覺自己在懷孕期間或在產後缺乏有力的支持，那麼，她們將更容易出現不良情緒，甚至患上產後抑鬱症或焦慮症。

支持可能來自很多方面，包括丈夫、其他家庭成員、朋友、鄰居、同事等。支持還可以以不同的形式出現，比如給新媽媽準備好飯菜，照顧好她的生活起居，幫助新媽媽抱孩子、給孩子換尿布，陪新媽媽聊天等。特別是在剛生完孩子後的一段時間內，新媽媽往往會感到身體異常虛弱；如果家人、朋友，特別是丈夫不理解自己，甚至忽視自己，會給新媽媽造成心理上的不平衡感和無助感。這種狀況如果不能及時糾正，會給新媽媽的心理造成極大傷害。

對孩子性別的失望

對於絕大多數新媽媽來説，只要孩子健康就會很高興；但現實生活中依然存在部分新媽媽，非常在意孩子的性別問題。由於個人、家庭或文化等原因，當她們發現孩子不是期待的某一性別時，就會感到非常失望，甚至覺得是自己的原因，還會因擔心孩子將來不會得到家庭或部分群體的認可而感到內疚。對孩子性別的失望已經被證明是誘發新媽媽產後抑鬱症的危險因素之一。

無法適應角色轉換

很多女性產後出現情緒問題，和產前產後的身份地位變化有關係。在孕期，準媽媽通常是大家關注和關心的焦點，享受着丈夫和家人的寵愛；產後，大家的注意力可能都會集中在新生寶寶身上，這種落差感讓很多新媽媽都會有失落的感覺。

還有很多女性，雖然做了媽媽，其內心深處依然住着一個「小公主」，對於生命中突然多出來的鮮活小生命，一時可能難以接受和適應，甚至可能會產生排斥心理，久之就會產生情緒問題。

大部分初為人母的新媽媽，都會因為沒有育兒經驗而比較緊張，懷疑自己是否有能力勝任母親的角色。有些新媽媽會很快適應新角色，而另一些則會陷入長久的茫然和緊張，甚至產生焦慮和抑鬱情緒，隨之而來的育兒重任還會加重這些負面情緒。

缺乏重塑自我的信心

蝴蝶斑、皮膚鬆弛、頭髮枯黃、腹部游泳圈、乳房下垂……面對着產後一系列的身材和容貌問題，幾乎所有愛美的新媽媽都覺得這是一場災難。特別是對於平時就是完美主義者或是特別在意身材和容貌的新媽媽而言，如果產後沒有像明星媽媽那樣及時恢復體型，就會感到非常鬱悶，擔心自己不再有吸引力了。這些感受對新媽媽的影響很大，並且容易引起自責和壓力，陷入罹患產後抑鬱症和焦慮症的風險中。

照顧孩子的挫折感

照顧剛出生的孩子是一件費力的工作，新媽媽感到焦慮和緊張是正常的。新媽媽需要加倍細心，學習如何照顧孩子，如何給孩子換尿布、餵奶、穿脱衣物等。這是一個需要慢慢熟悉的過程，會耗費新媽媽大量的精力，特別是對於新手媽媽而言，可能會手忙腳亂、會焦慮，如果碰到孩子生病可能還會感到無力和絕望。

以下介紹幾種育兒過程中容易讓新媽媽產生挫折感的問題，它們對新媽媽的產後情緒影響非常大。

對孩子過度關注

對孩子過度關注，時刻盯着孩子，生怕有任何閃失而耽誤了孩子的成長。一旦發現有任何地方不盡如人意，就會焦慮萬分，不知所措。

哺乳問題

由於一些原因不能哺乳時，新媽媽可能會感覺自己很失敗，或者不是一個好媽媽，從而感到強烈的內疚和自責，久之難免引發抑鬱和焦慮情緒。

生病的孩子

有些孩子體質較弱，容易生病，也會導致新媽媽的情緒出現問題。特別是當孩子患上一些需要長期進行醫療監護的疾病時，新媽媽更會感覺身心俱疲。

多個孩子的問題

如果剛出生的孩子不是你的第一個孩子，那麼在照顧新生寶寶的同時，還要兼顧大孩子，這就需要新媽媽付出加倍的精力。由於精力被分散，有時候會對大孩子產生內疚感。

其他問題

除了上述常見因素之外，還有很多其他因素會影響新媽媽的情緒。比如，有些新媽媽剛生完孩子就開始擔心上班的問題，擔心生完孩子自己不能重新適應工作節奏，甚至失業；有些新媽媽跟家中長輩產生坐月觀念和照顧寶寶觀念的分歧；有些新媽媽產後經歷離婚事件；還有些新媽媽因為帶孩子或其他問題而長期處於疲勞和睡眠不足的狀態中等等，這些都會對新媽媽的情緒產生影響。

新媽媽，你的情緒還好嗎？

雖然很多新媽媽產後或多或少都會出現一定的不良情緒，但這並不表示新媽媽就患產後抑鬱症或焦慮症了。新媽媽不要忽視不良情緒，也不要把情緒問題過分放大，理性對待才能從根本上解決問題。

哪些人容易出現產後不良情緒？

很多新媽媽都會出現產後不良情緒，但程度有重有輕，持續時間有長有短，一般來説，以下幾種類型的新媽媽更容易「撞上」產後不良情緒。

獨生女

目前，生育主體主要是「80後」、「90後」的獨生子女。她們從成長到結婚、懷孕、生育，幾乎一直都是家庭的重心。一旦重心轉移到剛出生的孩子身上，新媽媽一下子很難適應，從而成為產後不良情緒的高發群體。

白領女性

白領女性通常受教育程度高、收入水平較高、工作條件較為優越，她們常常對自己和下一代的要求都較高，考慮的問題也多，因而擔心和煩惱的事情也相對較多。

高齡初產婦

醫學上通常把年齡超過35歲的初次懷孕生產的女性，稱為「高齡初產婦」。高齡初產婦遭遇的妊娠風險較大，她們常常會因為過度擔心高齡生產帶來的不利因素，如產後身材的恢復等問題而產生心理負擔。初產婦年齡越大，就越容易出現緊張、恐懼、抑鬱和焦慮的情緒。

低齡生育的女性

生育年齡低於20歲的女性，由於工作條件、經濟能力等限制，遇到的煩惱事比其他產婦要多得多。

有性格缺陷的女性

通常，擁有多疑、自卑、悲觀、嫉妒、完美主義、自我中心、孤僻和膽小等性格的女性更容易出現產後不良情緒。

另外，還有一些女性由於某些原因未婚先孕，或是離婚，或是與丈夫關係很差等，她們面對來自家庭和社會的諸多壓力，往往更容易出現恐懼、焦慮、悲觀等不良情緒。

自我感覺不錯，需要擔心情緒問題嗎？

一般來説，產後自我感覺還不錯的人，通常會以一種比較積極的態度來面對生活，她們出現情緒問題的概率會小一些。不過，這也不表示她們就完全不需要擔心情緒問題。

心理健康的關鍵在於個人心境處於良好狀態，個體與外界環境和諧相處，從而呈現出思想、情感、行為與軀體上的愉悦歡欣。這種條件下，只有自我感覺良好是不夠的。因為自我感覺較好的人，往往自我評價較高，容易以自我為中心，走向另一個情緒極端，而這類情緒往往會對周圍的人產生負面影響，最終也會影響到新媽媽的情緒。

情緒低落、想哭，擔心會抑鬱？

有些新媽媽偶爾出現情緒低落、悲觀、想哭的情況，就憂心忡忡，擔心自己患抑鬱症了。殊不知，最初新媽媽可能只是一時的情緒低落，而由於長時間受到「自我感覺」的影響，一段時間後其可能就真的「抑鬱」了。

不過，如果新媽媽總是情緒低落也不能忽視。不良情緒是一種消極能量，累積到一定的程度就會發生質變，表現為明顯的抑鬱症狀。

沒有胃口還失眠，與情緒有關嗎？

出現產後焦慮、抑鬱等不良情緒的新媽媽，通常食慾都不太好，甚至感覺不到饑餓，精力和熱情都會減退。也有些新媽媽會出現暴飲暴食、愛吃垃圾食品的現象。在排除身體疾病的因素下，新媽媽沒有胃口或暴飲暴食都可能與情緒有關。

不好的睡眠對產後心理健康也有不良影響，無法入睡或失眠更是產後抑鬱症最常見的症狀之一；而產後不良情緒又會進一步加重新媽媽的睡眠症狀，形成惡性循環。

如果新媽媽連續很多個晚上都無法入眠，甚至當孩子已經睡着時依然無法入睡；或者是感覺非常疲憊，想要睡覺，但當躺在床上，又由於心有所思無法正常入睡，那麼就需要引起重視了；還有一些新媽媽有着與失眠相反的症狀，如總是昏昏欲睡，甚至無法好好照顧自己和孩子，也與情緒問題有關。

感覺很糟，但不知是矯情，還是真抑鬱？

即使新媽媽總是感覺情緒低落、不想活動、對周圍的人和事都不感興趣，也不要立刻就給自己貼上「抑鬱症」的標籤；因為這樣只會加重新媽媽的心理負擔，使不良情緒進一步惡化，最終演變成產後抑鬱症。

新媽媽應學會自我診斷產後抑鬱症的正確方法。除了自我感覺之外，還可以通過一些專門針對產後抑鬱的測量工具來判斷自己是否患了產後抑鬱症。

新媽媽產後情緒自測

下面所列舉的一些感受多為遭受產後抑鬱症困擾的女性發出的聲音，新媽媽可以對照着看一下自己有多少情況符合：

- 不管做甚麼都覺得心裏壓抑
- 每天至少哭一次
- 一直或大部分時間裏都覺得悲傷
- 記憶力很糟糕
- 無法集中注意力，也無法做出決定
- 以前愛做的事情、愛吃的食物，現在興趣索然
- 即使孩子已經睡了，但還是無法入眠
- 總是有強烈的挫敗感和內疚感
- 沒有食慾或暴飲暴食
- 鬱鬱寡歡，甚至產生一些可怕的想法
- 焦躁易怒，有時甚至會對着孩子抓狂，對丈夫更是毫無耐心
- 對未來感覺很無助
- 感覺怎麼也無法擺脱這些情緒
- 想逃離或結束自己的生活

有些新媽媽可能會覺得自己跟上述一兩種症狀很符合；但總的來説，她們還是會渡過情緒低潮期，生活也會慢慢好轉，從而擺脱這種情緒。但是產後抑鬱症患者很可能跟上述很多甚至所有情況都相符，有時整天都會被這些情緒籠罩着。如果新媽媽對上述症狀中的四五種表示認可，且持續2周以上，則很大可能患有產後抑鬱症。

愛丁堡產後抑鬱量表

愛丁堡產後抑鬱量表是應用較為廣泛的自評量表，可作為產後抑鬱症的粗略診斷。愛丁堡產後抑鬱量表包括10項內容，根據症狀的嚴重程度，每項內容分4級評分（0分、1分、2分、3分）。新媽媽可根據過去1周的實際情況，在最接近自己感覺的答案上畫圈，並計算總分。

症狀表現	從不	偶爾	經常	總是
我能看到事物有趣的一面，並笑得開心	3	2	1	0
我對未來保持樂觀的態度	3	2	1	0
當事情出錯時，我會不必要地責備自己	0	1	2	3
我毫無緣由地感到焦慮或擔心	0	1	2	3
我無緣無故地感到恐懼或驚慌	0	1	2	3
很多事情衝着我來，使我感覺透不過氣	0	1	2	3
我因心情不好而影響睡眠	0	1	2	3
我感到難過和悲傷	0	1	2	3
我因心情不好而哭泣	0	1	2	3
我有過傷害自己的想法	0	1	2	3

你測出的分數：＿＿＿＿＿

測試結果評估：得分範圍0～30分，若得分高於13分，則有可能患有不同程度的產後抑鬱，新媽媽就應引起重視了。

需要注意的是，產後抑鬱症篩查工具的目的不是診斷抑鬱症而是識別那些需要進一步進行臨床和精神評估的女性。篩查工具可以幫助識別產後抑鬱症，但不能代替臨床評估。

如果自我評估的結果是患上抑鬱症的概率很大，那麼新媽媽就需要採取進一步的措施了，讓專業人士幫新媽媽進行詳細的、個人定制的診斷評估，然後再下定義。另外，有一點需注意，某些身體疾病也可能被誤認為是產後抑鬱，所以在做最後定論之前一定要進行一個全面的身體檢查。

產後情緒低落等於產後抑鬱症？

很多新媽媽由於一時間感覺情緒低落，就覺得自己患上產後抑鬱症了，而產生心理壓力。其實產後情緒低落並不等於產後抑鬱症，後者要比前者嚴重得多，不過如果情緒低落的狀態沒有及時得到調整，也會讓新媽媽產生抑鬱傾向。

產後情緒低落與產後抑鬱症的區別

產後情緒低落更多的是對於生產的普遍而正常的反應，它不是一種疾病；而產後抑鬱症是一種較為嚴重的「情緒病」。兩者在症狀上有相似的地方，但持續時間、嚴重程度都不一樣。

項目	產後情緒低落	產後抑鬱症
持續時間	通常發生於產後3～10天，並於2周內消失	持續2周以上，甚至更長時間
症狀表現	大多只涉及情緒問題，表現為情緒上的鬱悶、低落，也伴有注意力不集中、失眠、食慾缺乏等表現	涉及多個方面，包括情緒、認知能力、行為、睡眠、食慾等，且症狀較產後情緒低落更為嚴重
嚴重程度	具有自限性，一般對生活和照顧孩子影響不大，而且大部分時間裏新媽媽能夠感受到身為母親的快樂	嚴重影響新媽媽的正常生活和社會交往，無法照料自己和孩子，而且無法控制自己的思想和言行

產後情緒嚴重低落易引發抑鬱症

一般來說，產後情緒低落的現象大多只是暫時的，通常只持續幾小時或者幾天，而後便會自行緩解。對此，新媽媽不必過分勉強，也不要過於擔憂，這並不代表你就患上產後抑鬱症了。不過，雖然產後情緒低落的現象會自行緩解，但如果新媽媽產後低落的情緒持續較長時間沒有得到緩解，而且產生了其他認知或行為方面的症狀，就說明新媽媽存在患上產後抑鬱症的風險，或已經患上抑鬱症了。這時新媽媽一定要將自己的感受及時告知家人或醫生，並採取適宜的調整措施，以免引發更為嚴重的後果。

如何遠離產後不良情緒？

每一位新媽媽都要學着照顧自己，隨時自省，發現自己可能出現的情緒問題，並採取正確的調適措施。如果發現以自己的能力無法改善，應及時尋求醫生或心理諮詢師的幫助。

正視產後情緒問題

無論是壓力和挫折，還是痛苦與恐懼，只有正確面對它們，才能真正地戰勝它們。處理情緒問題也是如此。新媽媽首先要承認並接納自己的不良情緒，而不是一味地將之壓抑，這樣它們反而會變本加厲地「回饋」你。同時，還要努力尋找引起不良情緒的根源，並學會正確調整。如果感到症狀嚴重，應及時尋求幫助。

承認並接納自己的不良情緒 → 採取正確的調整方式 → 必要時尋求專業幫助

一般來説，只要產後新媽媽能充分認識並提高警惕，積極配合治療，絕大多數新媽媽都能遠離不良情緒。

運用自然療法和食療

當新媽媽出現情緒問題時，應學會用自然療法來保持和恢復健康情緒。自然療法即通過珍惜生活、感受快樂、自我放鬆訓練、音樂療法、睡眠休息、運動按摩、瑜伽等，來培養積極的情緒，遠離消極的情緒，快樂生活。

除此之外，新媽媽還應注意保持良好的飲食習慣。無論在甚麼情況下，都不要忘了吃東西，也不要讓自己無節制地吃。大自然中還有一些食物含有抗抑鬱物質，常吃對產生快樂情緒有幫助，如全麥麵包、深海魚類、香蕉、菠菜、櫻桃（車厘子）等，新媽媽可在保持膳食均衡的情況下，有選擇性地多吃一些。平時也應注意少吃一些可能加重不良情緒的飲食，如煙酒、咖啡，這些會影響睡眠，加重抑鬱情緒。

自我調節是關鍵

法國思想家笛卡爾説：「人們常常認為被某件事情傷害了，其實，這種傷害大多起源於你自己對這件事的看法。」由此可見，只有新媽媽自己才能使生活過得更快樂。

如果新媽媽有消極或焦慮的想法，首先要學會自我調節。比如，懂得知足常樂，多微笑，保持情緒穩定；懂得珍愛自己、欣賞自己，樹立正確的生活目標；學會將消極情緒通過傾訴、哭泣等方式表達出來；主動去尋求和接受別人的幫助等等。

與孩子建立積極的互動

良好的親子關係對促進母嬰雙方的身心健康，改善產後不良情緒有着積極作用。新媽媽應儘量堅持母乳餵養。哺乳不僅僅是給孩子營養，更重要的是母親在與嬰兒的肌膚接觸、目光交流以及傾聽觸摸的過程中會產生溫暖的情緒和情感共鳴。即使在孩子很小的時候，他（她）也是非常想和媽媽互動的。多和孩子説説話吧，儘管他（她）可能還聽不懂，但這可以讓他（她）產生愉悦和興奮的情緒反應，新媽媽在心理上也會獲得極大的滿足感。對新媽媽來説，與孩子一同玩耍，還能重新喚起自己的童心，體會到兒時的快樂，鬱悶的情緒也會在玩耍中逐漸消失。

樂觀看待孩子餵養問題

在孩子的餵養問題上，新媽媽一定要理性看待。如果哺乳遇到了難題，新媽媽可以向醫生或專業的哺乳顧問諮詢，以獲得更好的建議，實現輕鬆餵養；如果新媽媽對自己的哺乳經歷持有負面的評價，或是把餵養問題看得太重，可以繼續試着用母乳餵養，看看隨着抑鬱和焦慮症狀的改善，自己對哺乳的感受是否會好一些。新媽媽需要知道，你不必只用母乳餵養孩子，也不是只有你一個人對餵養孩子負責，了解到這些將對緩解壓力和焦慮情緒大有幫助。

家人的幫助不可或缺

溫馨的家庭環境能讓新媽媽感覺舒適和安全，減少抑鬱和焦慮的情緒。家人尤其是丈夫，應充分理解新媽媽的情緒變化，不要因為寶寶的出生而冷落新媽媽，照顧好新媽媽的飲食和生活起居，換尿布、抱孩子等育兒任務能幫忙的就儘量承擔起來吧。平時還要多和新媽媽聊天，及時察覺新媽媽的情緒變化，並鼓勵她傾吐內心的煩悶。如果發現新媽媽的情緒出現異常，應及時幫助新媽媽尋求專業幫助。

積極調治產後不適與疾病

研究證明，身體無不適和疾病的新媽媽，其發生抑鬱症的概率要明顯低於有身體疾病的人。新媽媽應積極調治產後不適與疾病，一方面可以穩定體內激素水平，減少抑鬱因子；另一方面，身體健康的人，其飲食、睡眠、心情都會比較好，有產後不良情緒的概率也較低。

必要時尋求專業幫助

如果新媽媽的抑鬱和焦慮症狀較為嚴重，持續時間較長，對日常生活和照顧孩子都產生了較大的影響，就應及時尋求專業幫助，千萬不要獨自一人默默承受。有很多非常棒的專業人士都可以為新媽媽提供有效的技術、策略和方法。比如，一些家庭醫生和產科醫生掌握關於產後心理問題的知識，他們可以幫助新媽媽感覺更好；心理治療師或諮詢師以及心理學家可以幫助新媽媽進行心理疏導，提供心理諮詢等。

必要時可在醫生的建議下適當服用一些抗抑鬱的藥物。藥物治療對於抑鬱和焦慮症狀較為嚴重的新媽媽來説，效果是比較好的，但不是每個人都需要吃藥。需不需要用藥，甚麼時候用藥，都需要在醫生的指導下進行。

Chapter 2

調養身體，減輕產後情緒壓力

產後睡眠不足、身體恢復不佳、飲食不合理等都會使新媽媽產生煩躁、易怒、焦慮等負面情緒，這將進一步阻礙其產後恢復與身心健康。本章將從飲食、睡眠和運動入手，幫助新媽媽調養好身體，由內而外，減輕情緒壓力。

正確看待產後生理變化和不適

每位孕婦生產後身體都會發生一些變化，正確看待產後生理變化和不適，能幫助新媽媽有針對性地進行調整和處理，從而幫助自身更快更好地恢復，並可以有效減少負面情緒的產生。

產後生理變化很正常

新媽媽在完成分娩後，身體會出現一系列生理變化。這些變化是新媽媽必須經歷的過程，屬正常現象。

生殖系統的變化

子宮。子宮是產後變化最大的器官。胎盤娩出後，子宮逐漸恢復至未孕狀態的全過程，稱為子宮復舊，時間一般為6周，其主要變化為宮體肌纖維的縮複和子宮內膜的再生，同時還有子宮血管變化、子宮下段和宮頸的復原等。

陰道。分娩後陰道腔擴大，陰道黏膜及周圍組織水腫，陰道黏膜皺襞因過度伸展而減少甚至消失，致使陰道壁鬆弛及肌張力低。陰道壁肌張力於產褥期逐漸恢復，陰道腔逐漸縮小。

外陰。分娩後外陰輕度水腫，於產後2～3日內逐漸消退。會陰部血液循環加快，若有輕度撕裂或會陰後一側切開縫合後，均能在產後3～4天內癒合。

盆底組織。在分娩過程中，盆底肌肉和筋膜被過度伸展，且常伴有盆底肌纖維的部分撕裂，產褥期應避免過早進行較強的重體力勞動。在產褥期堅持做產後康復鍛煉，盆底肌可能在產褥期內恢復至接近未孕狀態。

乳房的變化

產後乳房的主要變化是開始泌乳。妊娠期孕媽媽血液中的雌激素、孕激素、胎盤生乳素升高，使乳腺發育和初乳形成。當胎盤剝離娩出後，新媽媽血液中的雌激素、孕激素、胎盤生乳素急劇下降，抑制下丘腦分泌的催乳素抑制因子釋放，在催乳素作用下，乳汁開始分泌。嬰兒每次吮吸乳頭時，來自乳頭的感覺傳入神經纖維到達下丘腦，通過抑制下丘腦分泌的多巴胺及其他催乳素抑制因子，使腺垂體催乳呈脈衝式釋放，促進乳汁分泌。

循環系統及血液的變化

生產後，子宮胎盤血循環終止且子宮縮複，大量血液從子宮湧入新媽媽的體循環，加之妊娠期瀦留在組織間隙的液體會被吸收入血，產後72小時內，新媽媽循環血量將增加15%～25%，應注意預防心衰的發生。循環血量於產後2～3周恢復至未孕狀態。

消化系統的變化

妊娠期胃腸蠕動及肌張力均減弱，胃液中鹽酸分泌量減少，產後需1～2周逐漸恢復。產後1～2周內新媽媽常感口渴，宜進流食或半流食。月子期的新媽媽活動較少，腸蠕動減弱，加之腹肌及盆底肌鬆弛，容易便秘。

泌尿系統的變化

妊娠期體內瀦留的大量水分主要經腎臟排出，故產後1周尿量很多。另外，產程中由於膀胱受壓、黏膜水腫、肌張力降低和會陰傷口疼痛，新媽媽易出現排尿困難，尤其是產程延長者，受到胎先露的壓迫，使膀胱黏膜充血、水腫，導致出現排尿不暢，甚至形成尿失禁等。妊娠期發生的腎盂及輸尿管擴張，產後需2～8周恢復正常。

內分泌系統的變化

產後雌激素及孕激素水平急劇下降，至產後1周時會降至未孕時水平。催乳素的水平因是否哺乳而異，哺乳媽媽的催乳素於產後下降，但仍高於非妊娠時水平，吮吸乳汁使催乳素明顯增高；非哺乳媽媽的催乳素於產後2周降至非妊娠時水平。

腹壁的變化

妊娠期出現的下腹正中線色素沉着，在產後逐漸消退。初產婦腹壁的紫紅色妊娠紋會變成銀白色陳舊妊娠紋。腹壁皮膚受增大的妊娠子宮影響，部分彈力纖維斷裂，腹直肌出現不同程度的分離，產後腹壁明顯鬆弛，腹壁緊張度需在產後6～8周恢復。

產後不適多有出現

在經歷了分娩的重大「戰役」之後，新媽媽還會遇到一系列小麻煩：傷口疼痛、腹部疼痛、乳房脹痛……這些小麻煩屬產後正常的生理症狀，經過一段時間的恢復，經好好護理就能得到緩解。

傷口疼痛

自然產的新媽媽，會陰部容易出現撕裂的傷口，導致產後會陰疼痛，其疼痛程度因撕裂傷的大小及範圍、個人感受而有不同，通常在生產完數小時至1天內最痛，待傷口癒合後就不再疼痛。

剖宮產的新媽媽，傷口疼痛往往比自然產來得嚴重，大多需要注射止痛劑，因此，醫護人員有時會建議新媽媽使用束腹帶固定傷口，減少活動時因為牽扯而造成的疼痛。一般來說，剖宮產的傷口疼痛約在數天至數周內消失。

腹部疼痛

產後腹部疼痛主要由子宮收縮引起，產後新媽媽大多會感覺小腹有輕微的陣發性疼痛。子宮收縮的目的在於排出子宮內殘留的血塊或胎盤碎屑，並逐漸恢復成原有狀態，當子宮收縮力量較強時，就會產生腹痛感。一般來說，經產婦的子宮收縮會較為強烈，也就比較容易有疼痛感。

陰道流血

無論是剖宮產還是自然產，在寶寶出生後，新媽媽都會經歷一段時間的陰道出血，醫學上稱之為「惡露」。「惡露」是產後子宮所產生的分泌物，包含了血塊、子宮內膜、胎盤殘留等，一般在產後2周內就可以排淨，但有時也可能拖至產後1個月。剖宮產產婦的子宮經過醫護人員的清理，大部分惡露已被清理乾淨；自然產產婦的惡露則必須靠自然剝落，因此排出的量會比較多，排出的時間也比較久。

大量排汗

分娩後新媽媽會大量出汗，這樣的情況要持續2周左右。一方面與分娩時新媽媽消耗大量體力有關，另一方面與孕期血容量增加有關。準媽媽懷孕後血容量即開始增加，在孕期32～34周血容量達到高峰，又因為妊娠期雌激素明顯增加，使準媽媽身體內瀦留一些水分，這些多餘的體液在產後就要通過尿液和汗液排出；因此在產後2周內，新媽媽會經常出汗。

乳房脹痛

乳房脹痛大多發生於產後數天至數周之間，由乳汁排出不暢引起。另外，如果乳房有紅、腫、熱、痛等發炎症狀，甚至出現發燒現象，即發展為乳腺炎。造成乳腺炎最常見的原因是寶寶吸奶時不慎將乳頭吸破，導致媽媽的乳頭感染金黃色葡萄球菌。

手腳關節脹痛

有些新媽媽在順利分娩後會感覺關節不適，手腳的小關節腫脹，或是腕關節疼痛；其實，這是妊娠期或哺乳期的常見現象。主要原因還是妊娠期胎盤分泌大量雌激素和孕激素，這些激素會導致體內積聚一些水分，關節囊內的水分也會增加；因此準媽媽會有關節腫脹的感覺，嚴重時還會有疼痛的感覺。產後，胎盤已經娩出體外，激素水平也會迅速下降，但水分的排出還需要一段時間，加上孕期體內會分泌鬆弛素，分娩後關節的韌帶仍然處於鬆弛狀態，新媽媽就會出現關節不適。

便秘

有些新媽媽產後會出現便秘，原因包括腸胃蠕動不佳、運動量減少、傷口疼痛（導致產婦不敢用力解便）等，而長期的便秘也容易引發痔瘡。個人生活方式的改變也可能造成便秘，如有些新媽媽很少起身活動，或是精神壓力過大、生活緊張。

身體不適要及時諮詢醫生

經歷了近10個月的懷孕過程，新媽媽在產後終於能和肚子裏的小寶寶見面了，但各種不適的生理症狀也隨之而來。產後有些不適症狀雖然危害不是太大，但仍會給新媽媽帶來困擾，需要及時調理。通過飲食、運動、日常護理若還不能緩解身體不適，新媽媽們應該及時諮詢醫生，獲得專業的幫助，及早擺脱身體不適。如若不然，很可能會引起一些產後併發症，嚴重影響新媽媽的健康。

合理膳食，情緒更健康

營養專家稱，當人體缺乏營養時，大腦就無法獲得某些微量元素，而這些微量元素對大腦產生神經遞質至關重要。所以，吃對了食物可以安撫情緒，保持心情愉悅。

產後飲食影響情緒

研究證實，食物在一定程度上會影響人的情緒。所以，平時的生活中我們也應該養成健康的飲食習慣。在面對各種情緒問題時，可以有針對性地選擇一些食物來緩解情緒。新媽媽的情緒很容易波動，若此時飲食選擇不當，可能會促發新媽媽的負面情緒。相反，若飲食安排合理，還有可能幫助新媽媽撫平情緒。

那麼哪些食物能夠幫助新媽媽撫平情緒呢？專家建議，新媽媽不妨多吃些富含鈣、硒及B族維他命的食物，以緩解不良情緒。吃這些食物可以補充營養，彌補因營養不良造成的能量缺乏，使易變的血糖水平保持穩定，防止焦慮情緒的產生。多吃水果、蔬菜及堅果可以幫助新媽媽遠離焦慮、疲憊和抑鬱等灰色情緒，如香蕉、菠菜、南瓜、杏仁等。

但是，完全把自己的情緒交給食物來控制也是不可行的，不良情緒來襲時，自我控制也是重要的一方面。

依階段安排調養飲食

新媽媽在月子期，身體恢復分為四個階段，應該根據每個階段不同的恢復需求，結合新媽媽的個人恢復狀況進行全面的膳食調理。只有身體調理好了，新媽媽才能無後顧之憂。

第 1 周 排

這一階段，新媽媽身體以排出腹內的惡露、廢水、廢氣為主，月子餐的主要功效是補氣血，促進傷口癒合。新媽媽在這一階段都會感覺身體虛弱、胃口差。這時，給新媽媽的飲食宜清淡、開胃，並注意葷素搭配，以促進新媽媽的食慾和營養的吸收。

本周除了適宜進食紅糖外，像雞蛋、小米、芝麻等也適合在產後第1周食用，它們營養豐富，易於消化，非常符合新媽媽的營養需求。這一階段不宜給新媽媽食用黨參、黃芪等補氣血的藥材，以免增加產後出血量。

第2周 調

經過1周的調理，新媽媽分娩時的傷口已經基本癒合，到此時是子宮、盆骨收縮的關鍵時期，且由於新媽媽胃口有所好轉，此階段可以食用一些有補血養氣功效的食物，如黑豆、紫米、紅豆、紅棗、豬蹄、番茄等，促進傷口癒合，調理體質。

第3～4周 補

此階段大多數新媽媽的身體排泄已經完成，可以吃些滋補身體的食物，以進一步增強體質，促進產後恢復。食補應以補血益氣、恢復體力、補充精力、增強抵抗力為主，同時還要注意靜養。此階段新媽媽的飲食宜溫，不宜吃寒涼、生冷的食物。

第5～6周 養

雖然已經生產1個月了，但新媽媽的身體並未完全恢復，所以本階段的飲食還是以養為主。對於母乳餵養的新媽媽來說，飲食上還要更加注意，以免因新媽媽的飲食不當而影響到寶寶的健康。不少身體恢復得較好的新媽媽開始減重了，但切不可因此而耽誤了寶寶的營養。飲食應補充充足的優質蛋白質和鈣，進食雞肉、魚、豬骨、奶類等食物。

更新觀念，合理進補

如今，很多新媽媽坐月子還遵照着產後「大補」的老觀念。坐月子期是調養體質的關鍵時期，也是催乳和身體恢復的重要時期，好好補補對身體有益。然而，每個人的體質都不一樣，且產後進補也有諸多禁忌，如果產後飲食豐富、營養均衡，則不需要「大補」。

不宜「大補」的原因

一般來説，產後不宜立即「大補」，否則會加重新媽媽消化系統的負擔，嚴重者還可能引起身體不適。

- 對正常分娩的新媽媽來説，雖然分娩過程中會耗氣傷血，但只要在分娩時和產後沒有大出血，也沒有出現產程過長的情況，那就不需要特殊進補，尤其是「大補」。
- 如果產後體質以瘀為主，也就是產後惡露不盡，下腹隱痛，那就不能進補。一方面進補可能會助瘀生熱，另一方面補藥滋膩，還會妨礙淤血的排出。
- 如果產後身體兼有內熱，那就更不能進補了，否則會助熱生火，加重病情。
- 產後急於服用人參等「大補」中藥材，會使新媽媽神經興奮，難以安睡，從而影響身體恢復，另外還會加速血液循環，對新媽媽的健康不利。

合理飲食，勝過「大補」

對於新媽媽來説，補是一定要補的，但補甚麼得依個人體質而定。進補不等於吃大魚大肉，調理得當、合理膳食非常重要，建議產後少食多餐，儘量不挑食。

許多女性產後為了催奶、補充體力，會喝許多「大補」的湯水。其實這樣做反而會適得其反，剛生完孩子的女性催奶時一定要慎重，不應馬上進補豬蹄湯、參雞湯等營養高湯。因為此時初生嬰兒吃得較少，如果再服催奶的食品，反而會導致乳汁分泌不暢。因此，只需在正常飲食基礎上適量增加湯汁即可。在燉湯時，應撇去湯中浮油，這既能避免引起嬰兒腸胃不適，也有助於產婦保持身材。

產後每天應吃多種蔬菜，可以增強抵抗力和預防便秘。此外，因為新媽媽在分娩過程中失血過多，流失的體液也較多，而乳汁的分泌需要有充足的液體，所以注意補充水分也顯得特別重要。

少吃多餐

產後胃腸功能較弱，新媽媽一次進食過多過飽，反而增加胃腸負擔，從而減弱胃腸功能，因此採用少吃多餐的方式有利於胃腸功能的恢復。

新媽媽在坐月子期間，身體正處於一個特殊的時期，除了需要足夠的營養以恢復體力外，還要哺餵新生兒，因此需要均衡的營養素、多量的湯汁、多樣化的主食、豐富的水果蔬菜，總計大約每日3000千卡熱量的攝入。但這3000千卡熱量因為新媽媽產後腸胃弱的問題，不能再按孕前3:4:3的比例分配到早、中、晚三餐中，應該按照自身需求分配攝入的熱量，每餐吃七分飽即可。

營養專家推薦了最佳的三餐時間表，哺乳媽媽可以根據自己的生活規律，參考一下。

餐次	推薦時間	理由
早餐	7：00～7：30	這個時間段，胃腸道已完全蘇醒，消化系統開始運轉，吃早餐能高效地消化、吸收食物營養
加餐	10：30左右	這時人體新陳代謝速度變快，大部分人往往會隱隱感到有些餓，可以加餐來補充能量
中餐	12：00～12：30	中午12點之後是身體能量需求最大的時候，需要及時補充能量
加餐	13：30左右	此時要合理搭配，挑選兩三種具有互補作用、可以保證攝入營養均衡的食物，這頓吃得好，晚餐就會吃得少
晚餐	18：00～18：30	如果吃得太晚，離就寢時間過近，食物消化不完就睡，不僅睡眠質量不佳，還會增加胃腸負擔，也容易誘發肥胖
加餐	21：30之前	睡前4個小時不宜進食，但需要哺乳的媽媽可能會感到饑餓，可以在睡前適當進食，但要控制食物的量，宜選擇流質食物

睡眠充足，心情更好

寶寶誕生後新媽媽多了許多瑣碎的事情，容易影響新媽媽的睡眠，又由於產後情緒容易波動、睡眠不足能輕易地挑起這根敏感的神經，所以此時保證睡眠充足、提高睡眠質量變得很迫切。

睡眠不足是新媽媽的健康難題

寶寶的一舉一動牽動着新媽媽的心，在照看好寶寶的同時，新媽媽自己的睡眠問題也值得重視。因為，只有新媽媽睡眠充足、身體健康，才是對寶寶和家人最好的保障。但是，許多新媽媽在產後會出現睡眠不足的現象，主要是由於新媽媽自身和寶寶兩方面的影響。

新媽媽自身的睡眠問題

入睡困難。很多新媽媽一開始睡覺就緊張，生怕又失眠；還有的新媽媽則在睡前想法多多，無法控制自己的內心靜下來。

安然入睡後會在凌晨早醒，之後難以入睡。少數新媽媽能夠從晚上9點一直睡到天亮，但大多數新媽媽凌晨3點鐘醒來後就再也睡不着了，有可能是因為入睡太早，也有可能因為某種焦慮或擔憂而醒來。

新媽媽喜歡在夜間享受自由時間。在晚上11點之後，新媽媽會做一些自己喜歡但因為白天照看寶寶而無法做的事情，例如：為寶寶洗衣服、寫作、上網，等等。

寶寶影響新媽媽睡眠

確實有的寶寶是那種夜裏很省心的，但不要奢望你的寶寶也是天生就會心疼媽媽。大多數的寶寶夜裏會讓媽媽照料2～4次，這很正常。但也有的寶寶天生敏感或是依賴性強，他們甚至會要求媽媽夜間全程陪護。這樣，新媽媽的睡眠質量就會大打折扣。

配合寶寶的作息多休息

一般情況下，嬰兒每天大概要睡15個小時，而成人只需要睡8個小時。有了寶寶，新媽媽再不能一覺睡到天明，即使在後半夜也會被寶寶吵醒幾次。所以，新媽媽要根據寶寶的睡眠和吃奶時間適當調整自己的作息時間。不要小看這些短短的休息時間，它能讓新媽媽保持充足的精力。所以，當寶寶睡了，新媽媽就要抓緊時間休息。這樣當寶寶醒來時，新媽媽就有充足的乳汁餵養寶寶，也有精力護理寶寶。

請家人協助照顧寶寶

剛生完寶寶的新媽媽身體虛弱，沒有多少精力，還需要家人的照護，此時，照顧寶寶的重擔就需要由家人幫忙分擔。

白天寶寶的照護請長輩協助。如果白天寶寶的狀況比夜晚多，新媽媽因為每天需要餵夜奶，白天精神不一定很好；那麼此時可以讓長輩幫忙看護寶寶，如換尿布、洗澡、哄睡等，都可以讓長輩代勞。這樣新媽媽可以得到休息，有利於產後身體恢復。

讓丈夫分擔夜裏餵奶的責任。即使新媽媽餵母乳，丈夫也可以幫上忙。新媽媽可以借助吸乳器將乳汁吸出來，以便丈夫可以在半夜分擔餵奶的責任。如果這種方法行不通的話，新媽媽可以讓丈夫在孩子需要撫慰的時候去照看孩子。

適量進食助眠食物

自然界有很多事物含有天然的助眠成分，新媽媽可以在日常生活中通過飲食調理達到調節睡眠的效果。

牛奶 牛奶中含有兩種催眠物質：一種是色氨酸，另一種是肽類。睡前一杯牛奶能讓人感到全身舒適，有利於解除疲勞並幫助入睡。

小米 小米含色氨酸最為豐富，且富含澱粉，吃後容易讓人產生溫飽感，可以促進胰島素的分泌，提高進入腦內的色氨酸數量。

核桃 核桃是一種很好的營養滋補食物，已證明可以改善睡眠質量，新媽媽可以嘗試早晚各進食適量的核桃。

蜂蜜 蜂蜜有補中益氣、安五臟、解百毒的功效，新媽媽在產後適當進食蜂蜜，可以有效改善因神經衰弱引起的失眠。

蓮子 蓮子有安神養心之功效。蓮子含有蓮心鹼、芳香甙，有鎮靜作用，可促使胰腺分泌胰島素，使人入睡。

百合 百合能清心安神，適宜神經衰弱、睡眠不寧者食用。一般用生百合60～90克，蜂蜜1～2匙，拌和並蒸熟，睡前半小時服食。

Tips

以上食材是助眠食物中效果相對明顯的，但不一定適合所有的新媽媽。新媽媽可以經過嘗試，找到最適合的，堅持食用，改善睡眠質量，讓心情更好。

改善睡眠環境

既然充足的睡眠對新媽媽如此重要，那該如何改善室內環境，提高睡眠質量呢？下面我們來一起看看。

恒定的溫度和濕度

臥房內的溫度控制在18～20℃，能使人感覺舒適，利於入睡。保持一定的濕度，以免睡覺時喉嚨或鼻子過於乾燥，冬天可以在暖氣設備上方放盆水。

空氣清新

睡前最好先讓房間通風，讓室內有足夠的新鮮空氣。花的香味可能擾亂睡眠，綠色植物夜裏又會消耗氧氣，兩者都不適合放在臥房。

暖色調燈光

臥室的燈光對睡眠也很重要，舒適的燈光可以調節新媽媽的情緒而有助於睡眠。新媽媽可以為自己營造一個溫馨、舒適的坐月子環境，在睡前將臥室中其他的燈都關掉而只保留一個檯燈或壁燈，燈光最好採用暖色調，其中暖黃色效果會比較好。

不大不小的床

睡覺的空間宜小不宜大。在不影響使用的情況下，睡覺的空間越小越使人感到親切與安全，這是由於人們普遍存在着私密性心理的關係。床鋪的寬度，單人床以70厘米以上為好。寬度過窄，不易使人入睡，這是由於人在睡覺時，大腦仍存在着警戒點，唯恐翻身時跌下床來。

合適的床品

床品的選擇因四季的變換不斷更替，但無論如何變換，都要有親近肌膚的舒適感。一般而言，淺藍、淺綠、淺粉、淺黃是適合休息睡覺的色彩。因此新媽媽在挑選床品時，可以儘量選擇清新色系的顏色，這會對新媽媽的睡覺大有助益。

枕頭高度不對，可能造成頸部僵硬，不用枕頭，睡起來又不舒服。產後新媽媽最好選擇能支撐頸椎、並能使頭部重量平均分散的枕頭。至於枕頭的硬度，應視個人喜好及睡姿而定。專家指出，習慣側臥的人，適合用質地較硬的枕頭。仰臥者適合用中等硬度的枕頭。

適量運動，養身更養心

寶寶出生後，看着自己鬆垮的肚皮，圓滾的臀部……失落很快取代了寶寶降生時的喜悅。加之，生產帶來的身體疲倦、疼痛，都難免讓新媽媽有些緊張和擔心。產後適量運動，不僅有助於身體恢復，還能改善新媽媽的不良情緒。

產後恢復運動安排

寶寶剛出生的一段時間內，懷孕和生產對身體元氣的損耗、照顧寶寶的辛苦和生活習慣的改變等因素，都會讓新媽媽感到疲勞，甚至焦慮。新媽媽要通過科學的調理，逐漸地恢復身體元氣。

健康且自然分娩的新媽媽產後6～8小時就可以下床活動，如果身體允許，也可以在床上適當進行四肢活動、腹式呼吸等。隨着身體的恢復，產後10 天左右就可以適當輕微鍛煉了，產後第4～6周就可以根據身體情況加大運動量。剖宮產的媽媽如果傷口和身體狀況恢復良好，通常在產後第6～8周可以循序漸進地進行運動了。新媽媽在開始產後運動之前最好先徵求醫生的意見。

產前有運動習慣者，在產後可繼續自己喜歡的運動來進行減肥；產前沒有運動習慣者，建議先從靜態的柔軟操或是走路之類較溫和的運動開始。產婦身體比較虛弱，尤其是剖宮產的產婦，傷口需要一定的時間癒合，因此不提倡劇烈運動。如果新媽媽需要進行瑜伽訓練，產後第1個月不宜練習任何瑜伽體式，坐完月子後可以練習較為溫和的體式，之後再逐步增加其他體式的練習。

飯後1小時開始運動是比較合適的時機，運動之前最好做5～10分鐘的熱身運動。每15～20分鐘要補充水分。母乳期媽媽需要在運動前給寶寶餵奶，運動後等至少1 個小時再餵奶，因為運動後身體中產生的乳酸會影響乳汁的質量。

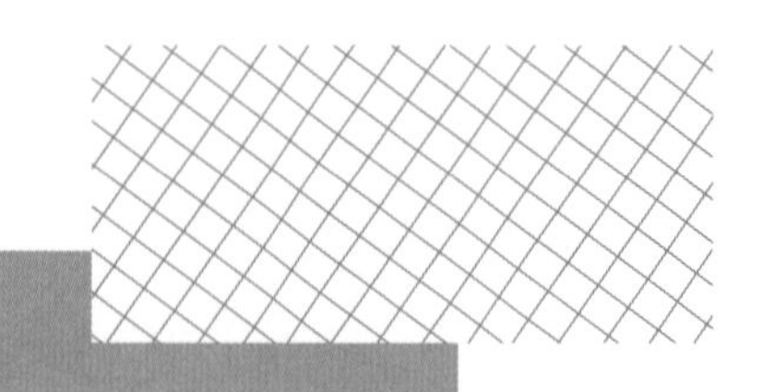

產後恢復運動

科學、合理地在產後恢復運動，可減輕因懷孕、生產造成的身體不適及功能失調，並使骨盆腔內器官位置復原。身體的恢復有助於減輕新媽媽的心理負擔、調節情緒。

腹式呼吸訓練

訓練腹式呼吸，有利於腹部橫膈膜回縮，有利於鍛煉腹部橫膈膜肌肉。長期堅持訓練，可起到改善腹部鬆弛的效果。

腹式呼吸運動簡單易學，順產新媽媽在產後1周後即可開始鍛煉。新媽媽跪於地毯上，臀部坐於小腿後側與腳後跟處，放鬆身體；兩手的拇指與其餘四指擺出三角狀，放於腹部。鼻子慢慢吸氣，橫膈膜下降，將空氣吸入腹部，手能感覺到腹部越抬越高，將空氣壓入肺部底層；吐氣時，慢慢放鬆腹部肌肉，橫膈膜上升，將空氣排出肺部。吐氣時間是吸氣時間的2倍。重複練習4次。

新媽媽躺在床上休息時，也可以進行腹式呼吸訓練，以鍛煉腹部肌肉。

練習技巧：

剛開始練習時，新媽媽可能總是想吸氣要鼓小腹，呼氣要收小腹，結果不但做不了，反而因為憋氣把自己弄得頭暈。因此，訓練時不可着急，可先訓練呼氣時小腹內收、提肚臍，再練習吸氣動作。

抬腿運動

新媽媽臥床休息的時間較多，平躺於床上時進行簡單的訓練，有助於調節身心，促進身體恢復。抬腿運動簡單易學，新媽媽躺在床上休息時可隨時進行訓練。

Step 1

新媽媽平躺於墊子上，雙腿併攏伸直，雙手輕放在體側，掌心朝下，頭部、頸部、背部、腰部、臀部、腿部都平直地落在墊子上。吸氣，屈右膝，臀部和身體其他部分不要離開墊子。

Step 2

左腿伸直抬高，腳尖繃直，垂直於地面向上延展。眼睛看向腳尖方向，調整呼吸，保持10秒左右，再輕輕放下左腿。再次抬高左腿，重複4次。再換另一邊重複4次。

產後伸展操

產後，很多新媽媽都會感覺身體虛弱、渾身沒勁兒。因此，調節身心、恢復身體元氣是新媽媽產後恢復的重點。合適的產後伸展操練習可以幫助新媽媽儘早恢復體力。

Step 1

新媽媽自然站立於地毯上，挺直腰背，手臂自然垂落於體側。脊椎往上延伸、拉高，肩放鬆，做深呼吸。

Step 2

吸氣，雙腳打開至兩個肩寬，右腳尖朝向右側，左腳朝前，身體保持挺直；呼氣，雙手抬起，與肩平行，保持1次呼吸的時間。

Step 3

吸氣，身體向右側彎曲，右手握住右腳踝；左臂上舉，指尖朝上。頭部轉向上方，眼睛注視左手指尖，呼氣時左手向上拉伸，保持3～5次呼吸的時間，感受側腰和腿部的伸拉。吸氣時恢復到開始的姿勢，換方向練習。重複4次。

練習技巧：

練習此式時，一定要先穩定住腳掌，雙腿伸直，再做其他動作。

身體活動的過程中，雙手的手臂要固定在一條直線上，側彎時，向上延伸的手臂要有向上的拉伸力，上身的重量落在側腰上。

產後子宮恢復訓練

新媽媽的子宮在胎盤娩出後，就開始了自我恢復的過程。產後第2周是子宮恢復的關鍵期，此時新媽媽可以適量做一些子宮恢復訓練，幫助子宮更好地恢復。新媽媽可以摸摸小腹部，如果小腹摸起來硬硬的、圓圓的，就表明子宮恢復不佳，要加強鍛煉，以促進子宮恢復。

Step 1

新媽媽取跪姿，四肢落於墊子上，雙膝微微分開，頭部擺正，頸部與肩背平行；臀部收緊，大腿繃直，與地面保持垂直；雙臂伸直撐在肩膀正下方，與地面垂直，手指指向身體前方。

Step 2

吸氣，慢慢地將骨盆翹高，腰部向下壓，使背部脊椎呈像貓一樣向下彎曲的弧線；頭部慢慢抬起，注視斜上方，眼望前方，不要過分地把頭抬高，保持3～5次呼吸的時間。

Step 3

呼氣，腹部收緊，慢慢將背部向上拱起，帶動臉轉向下方，眼睛注視大腿的位置，感受背部的伸展，保持3～5次呼吸的時間。配合呼吸，重複練習5～8次。

練習技巧：

身體內收時，要儘量向內收起肩膀，拱起腰背；身體向外延伸時，腰部、頸部和肩膀也儘量打開，使身體得到伸展。

產後盆底肌收縮訓練

骨盆底部的一層肌肉，稱為骨盆底肌肉。生產過後，這些肌肉因極度擴張而變得脆弱。新媽媽在產後多鍛煉這些肌肉，可使它們恢復強健的狀態。盆底肌恢復得好，不僅可幫助新媽媽預防產後尿失禁，還能提升陰道的收縮力。

Step 1

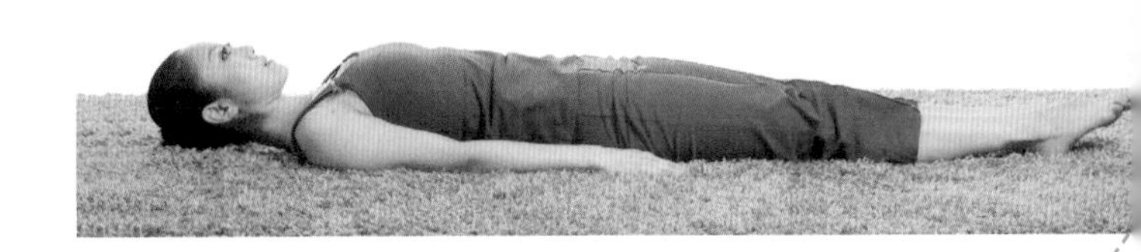

新媽媽全身放鬆，仰臥於墊子上，雙手掌心朝下放於身體兩側，腳尖向前伸直。感覺腳跟、小腿、大腿、臀部、背部、頭部的重量均勻地放在墊子上。

Step 2

吸氣，右膝彎曲收起，大腿貼近腹部。左腿髖部、大腿不要離地。同時，上身儘量下壓，不要抬起。

Step 3

呼氣，雙手交叉抱住膝蓋，儘量將大腿往腹部拉，雙腳腳尖繃直。整個身體感受到水平線上的伸展和垂直方向的下沉，保持2～3次呼吸的時間。

Step 4

再次呼氣時，頭抬起，下巴貼近膝蓋，讓大腿貼近腹部，左腿不要離地，繼續下壓伸直。保持2～3次呼吸的時間，吸氣還原。調整呼吸後，換左腿重複動作。左右各練習4次。

練習技巧：

抬起的大腿不可外翻，要盡力貼向腹部，感受大腿前側與腹部的貼合；另一隻腿要保持伸直緊貼地面，不要向上翹起；頭頸部抬起時，要注意肩部放平，同時也要注意呼吸的配合。

產後骨盆恢復運動

不管是順產還是剖宮產，產後新媽媽的骨盆都會變大、變形。骨盆的扭曲變形會造成身體的歪斜，壓迫肌肉和神經，並影響骨盆內部內臟的位置，造成內臟下垂等，影響新媽媽的健康和美麗。因此，產後及時修復和矯正骨盆十分重要。

產後第3周，此時新媽媽的身體恢復得更好，也是骨盆恢復的關鍵時期。產後通過訓練這套骨盆運動操，不僅可幫助新媽媽的盆骨回正，鍛煉盆骨底部肌肉，還有助於加速血液循環，消除下肢水腫。

Step 1

新媽媽坐在墊子上，雙腿併攏，指尖朝前；上半身微微往後傾斜，雙手手掌移至臀部後方，指尖朝臀部。身體重心落在臀部，雙腿保持貼地，不要翹起。

Step 2

吸氣，雙手手掌用力撐地，臀部、背部往上提起，雙手手臂與地板垂直，雙腳併攏，腳板儘量貼在墊子上，頭部保持一定的緊張感，不要後仰下垂。維持姿勢，保持3～5次呼吸的時間。

Step 3

繼續呼吸，吸氣時收緊腹部、臀部及大腿肌肉，感覺身體自胸腰的中點有股向上提拉的力量，可幫助身體集中力量。頸部向後伸長，下巴上抬，拉伸前頸。

Step 4

吐氣，臀部回到地面，背部慢慢放回墊子上，放平頭部，自然呼吸。

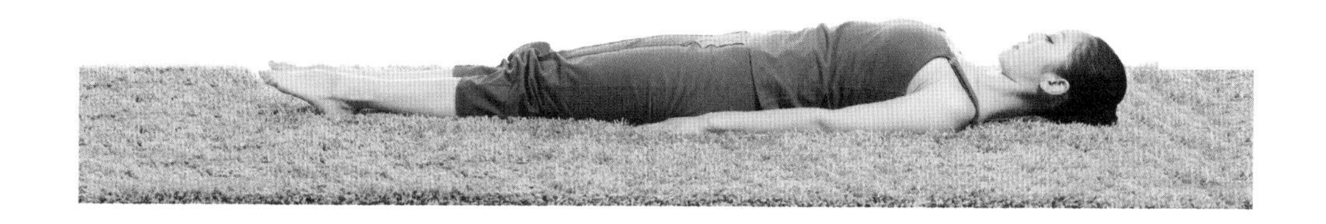

練習技巧：

抬起的大腿不可外翻，要使大腿前側與平實腹部成一線；放下的腿要保持伸直緊貼地面，不要向上翹起；頭頸部抬起時，要注意肩部放平，同時也要注意呼吸的配合。

產後心理瑜伽

產後心理瑜伽是一種達到身體和心靈和諧統一的運動形式。針對產婦產後生理和心理特點，進行一些合適的產後瑜伽運動，有利於新媽媽走出心理困境，避免產後抑鬱症的發生。 瑜伽練習需要耐性，而效果的展現也需要時間，通過幾周的練習後，新媽媽會覺得內心較之以前更為平靜，注意力也更加集中。

簡易坐

簡易坐有利於呼吸過程中空氣的暢通，是一種比較舒服的坐姿。此式是練習冥想的最佳體式，讓居於脊柱通道內的神經得以舒展，有助於增強神經系統功能，適合初學者或腿腳比較僵硬的新媽媽，用於初級呼吸和冥想練習。

Step 1

腰背挺直，自然坐在墊子上，雙腿交叉，手指按壓身體後側的地面使身體向上伸展。

Step 2

吸氣時收回雙手，雙手自然放在膝蓋上，掌心貼於膝蓋；呼氣時尾椎向下伸展，肩部向後打開，頸椎向上伸直，拉伸整個脊椎。

至善坐

至善坐可以通過呼吸動作鍛煉腹腔器官，伸展脊柱，舒緩髖部，強化背部中下部肌肉的力量，同時還可以減輕壓力及焦慮，平靜大腦和心靈。此坐姿多用於呼吸，更適合長時間的冥想練習。

Step 1

雙腿伸直平坐在墊子上，吸氣，彎曲左膝，左腳掌緊貼右大腿內側，左腳跟頂住會陰部位。

Step 2

彎曲右腿，將右腳腳跟靠近大腿內側，雙腳腳跟輕輕相觸。大腿肌肉、臀部依次內旋，以擴大骨盆底。雙手做智慧手印，輕放於膝蓋上。

Step 3

吸氣，向上伸展脊柱，感覺自頭頂有一股力量輕輕向上拔伸身體，下顎微微向裏收，雙手合十在胸前。雙手肘在一條直線上，與地面平行。膝蓋儘量貼近地面，保持身體下半部分的穩定。

蓮花座

運用蓮花座調整呼吸可使腹部深層肌肉群產生收縮，進而鍛煉腹橫肌和骨盆底肌群，可以緊實腹部、美化背部和腰腹線條；雙腿盤坐能夠放慢下半身血液循環的速度，增加對上半身，尤其是頭部和胸部區域的血液供應，有助於集中注意力，使人身心平和安定。

Step 1

平坐在墊子上，雙腿向前伸直，調整呼吸。吸氣，彎曲右膝，右腳放在左大腿下。屈左腿，將左腳腳腕放到右大腿根上方，腳心向上，雙膝向兩側地面靠近。

Step 2

將右腳放到左大腿上方，腳心向上。挺直背部，收緊下頜，使鼻尖與肚臍在同一直線上，雙手於胸前合十，或輕放在雙膝上，大拇指和食指輕點在一起，另外三個手指自然打開，注意力集中於呼吸上。

練習技巧：

如果感覺雙腿盤坐有難度，可採取半蓮花座的體式，即 step1 所示的動作，只將一條腿擱置在另一條腿大腿的上方。練習半蓮花座時，雙腳應交替練習，以免造成單側腿血液循環不暢。

蓮花式

練習此式，能有效促進身體的血液循環，增強機體活力；加強髖部和骨盆區域的靈活性；鍛煉腹部肌肉，矯正駝背等不良體態；幫助集中注意力，還能通過呼吸清除體內垃圾。蓮花座體式隨時隨地都可以進行，可以有效減輕焦慮和壓力等負面情緒。

Step 1

以蓮花座的姿勢盤腿坐好，保持骨盆底的寬度，尾骨向下，臀部肌肉擠向背部。吸氣，向上伸展脊柱，肩部向後打開，肩胛骨內收，放鬆呼吸。

Step 2

呼氣，雙手撐於體後，脊柱向後向上伸直。進一步打開雙肩，上身微微後仰，感覺新鮮的血液在體內流轉。

練習技巧：

如果感覺雙腿盤坐有難度，可只將一條腿擱置在另一條腿大腿的上方。練習時，應有意識地挺直背部，感覺脊椎向上挺拔伸直，肩膀放鬆放平，手掌不要完全承受上半身的重量。

清涼式調息法

清涼式調息法對整個人體和神經系統具有調養、鎮定、放鬆和平靜的作用；可以抑制心情憂鬱和精神緊張；增強肝、脾和消化功能，還有解渴的作用；清除體內廢物，潔淨我們的血液，促使生命之氣在我們體內流通。

Step 1

採取金剛坐的坐姿，雙腿和雙腳併攏，雙腳腳趾交疊放置，腳背着地。雙手放在大腿上，脊椎向上充分伸展。用嘴巴緩緩吸氣，再用鼻孔緩緩呼氣。

Step 2

張開嘴，把舌頭伸出一點，將舌頭捲成一條管子。用嘴慢慢吸氣，能夠聽到和感到清涼的空氣通過口腔慢慢進入。

Step 3

將舌尖抵住上顎，上下牙齒輕輕咬住。呼氣時，用兩個鼻孔緩慢排氣，直到排盡空氣。每次深長的呼吸為一個回合。可以反復練習，但每日練習不要超過30個回合。

簡單坐轉體式

練習這個體式，可以有效鍛煉我們的脊椎，矯正高低肩；刺激腰部和背部的肌群，增強背部彈性，緩解腰背酸痛等症狀；活動膝關節，促進腿部血液循環，緩解腿部緊張，對坐骨神經痛有一定的輔助治療作用；能有效放鬆身心，安定心神。

Step 1

以簡易坐的坐姿預備。雙手放在大腿上，眼睛看向前方，脊椎向上充分伸展。

Step 2

吸氣，脊柱向上伸延。呼氣，臀部坐到雙腿右側的墊子上，雙臂帶動身體左轉，右手落在左膝上方，左手落於身後，頸部保持延伸，下頜微微內收，保持深長的呼吸。

Step 3

每一次吸氣時，都將脊椎向上拉伸一點；每次呼氣時，都以脊椎為軸轉動身體，試着把左手手背放在右側腰處。眼睛看向左後方。保持3～5次呼吸的時間，慢慢還原身體，換邊練習。

敬禮式

此體式可以增強身體的平衡感，改善體態；伸展頸部，對雙肩、雙臂、雙腿和雙膝的神經有益；身體大幅度地折疊變換姿勢，能有效地協調身體，增加體內的氧含量，改善情緒。

Step 1

自然蹲在墊子上，雙腳分開略比肩寬，雙腳稍朝外；雙手於胸前合十，拇指相扣。挺直腰背，目視前方。

Step 2

吸氣，腳掌穩穩地踩在地面上，抬頭後仰，最大限度地向後伸展頸項，手肘頂住膝蓋向兩側推開，肩部放平，感覺頸部的拉伸。

Step 3

呼氣，低頭，併攏雙膝，下巴抵於膝蓋上，手臂向前伸直，保持雙手合掌，指尖指向前方地板，注意指尖和臀部不要接觸墊子。

頭部放鬆式

頭部放鬆式能有效調節呼吸系統功能，振奮精神，給身體帶來積極的正面能量。同時還能拉長頸部前側肌肉，修飾頸部線條；拉長脊椎，保持背部向上延展；擴展雙肩，矯正高低肩等不良體態；促進面部血液循環，細緻面部、頸部肌膚，增強肩頸部的靈活性。

Step 1

正坐在墊子上，彎曲左膝，將左腳掌貼近右大腿，左腳跟貼近會陰處。右腿彎曲向後，右小腿靠近右大腿和臀部。

Step 2

取至善坐，吸氣，抬高雙臂，雙手交叉抱住後腦勺。眼睛看向腹部，感受身體向上挺拔延伸，保持手肘和手臂所成的直線與地面保持平行。

Step 3

呼氣，收回雙臂，交叉抱於胸前，左手扶右肩，右手扶左肩。頭部後仰，感受頸部前側的拉伸和新鮮空氣在胸腔內的流動。保持5～8次呼吸的時間後，緩慢收回頭部，放下雙臂，換腿練習。

英雄式

此式能舒緩下背部；改善髖關節、膝關節和腕關節的功能；促進甲狀腺和甲狀旁腺的功能；緩解更年期不適，幫助穩定情緒，減輕壓力和焦慮情緒。

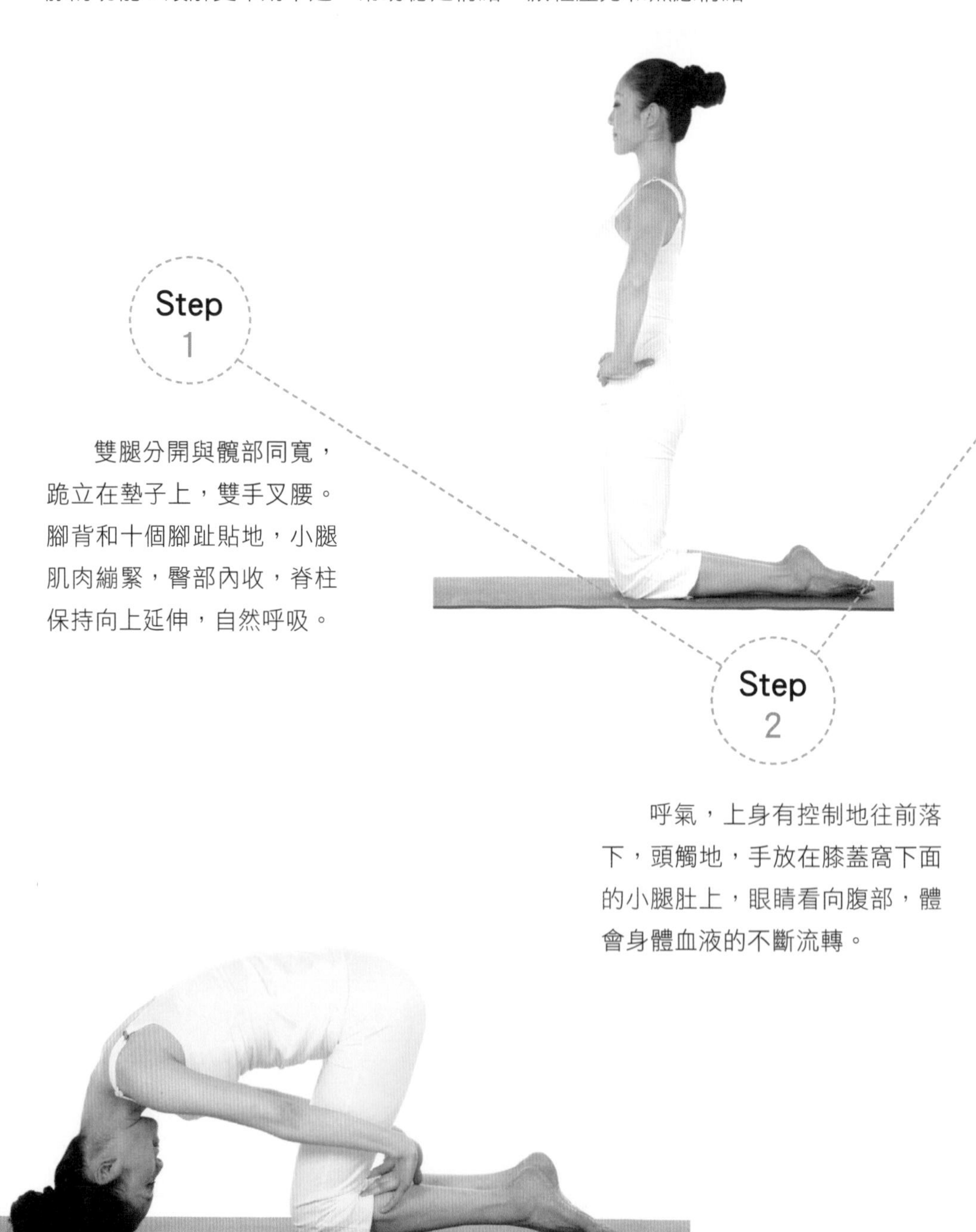

Step 1

雙腿分開與髖部同寬，跪立在墊子上，雙手叉腰。腳背和十個腳趾貼地，小腿肌肉繃緊，臀部內收，脊柱保持向上延伸，自然呼吸。

Step 2

呼氣，上身有控制地往前落下，頭觸地，手放在膝蓋窩下面的小腿肚上，眼睛看向腹部，體會身體血液的不斷流轉。

吸氣，臀部後坐，腳跟緊貼臀部，充分伸展上半身。

Step
4

呼氣，臀部不要離開腳跟，上身折疊向下，直到腹部貼近大腿根部，前額觸地。雙手輕輕抓住雙腳腳掌，放鬆背部，放鬆全身。

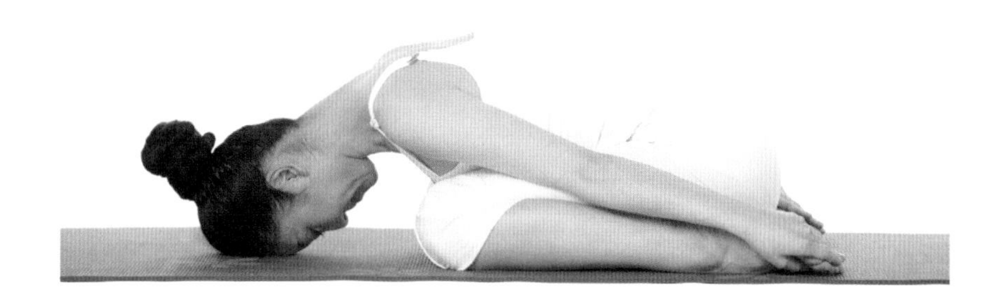

練習技巧：

臀部後坐時，雙腳放在臀部兩側，腳趾下壓地面，腳跟緊貼臀部；背部保持平直，向上延展，頸部與脊椎在同一直線，下頜微收；肩部朝外打開，雙肩微微下沉。此體式不適宜膝部或腳腕處有外傷疾患的練習者，心臟病患者和關節炎患者也不宜練習這個體式。

嬰兒式

此式能緩解頭痛、頸痛及胸痛；舒展骨盆、髖部和下背部；伸展髖部、膝部與腳腕；放鬆全身，緩解身體疲勞，減輕精神壓力。

以簡易坐的坐姿跪坐在墊子上，雙腳大拇指疊放在一起，雙手輕輕放在大腿上，肩部打開，微微下壓。

Step 2

呼氣時，雙手移至身體兩側，上身自尾椎開始，一節一節往前方放鬆落下，直至腹部貼近大腿，胸部落在膝蓋上，額頭貼近地面，閉上雙眼放鬆面部肌肉，放鬆身體，均勻地呼吸。

練習技巧：

嬰兒式體位，模仿胎兒在母體中的姿勢，膝蓋蜷縮在腹部下面，背部用腿支撐，讓人感覺舒適放鬆。上身準備往前傾時，先吸氣保持脊柱的向上伸直，背部平直；上半身下落時，脊柱一節節地落下，由下至上逐步放鬆，臀部保持坐在雙腳腳跟上不要離開。若臀部無法坐在腳跟上，可以在懷裏抱個長枕支撐身體。

山式

山式是將身體儘量向上伸展，有助於幫助新媽媽調節情緒，保持心態平和。而且，這個姿勢還可以擴展胸部，舒展肩部，並以一種輕柔的方式按摩腹部器官，有助於消化。

Step 1

站姿，雙腿併攏，兩腳的內側貼合在一起，吸氣時放鬆肩膀。

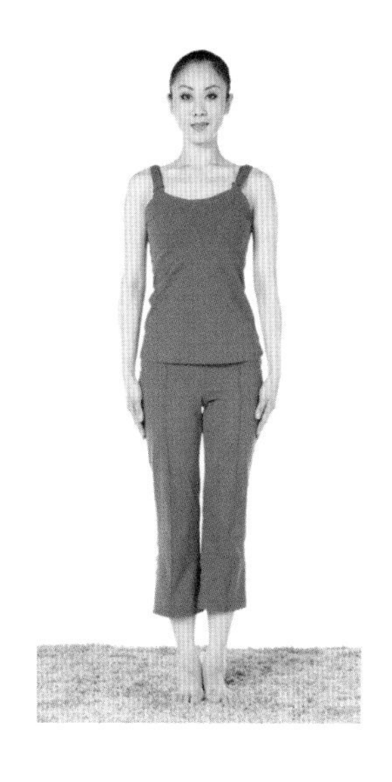

Step 2

呼氣時，收緊腹部肌肉，尾骨收緊，下巴微收，雙臂伸直，十指交叉，然後翻轉手腕，使掌心向上。保持這個姿勢15～20秒。

練習技巧：

練習山式時，身體不要歪斜，站立的腿要伸直，雙腳緊貼地面，不要左右前後搖晃。此體式是許多體式的熱身動作，因此注意力應放在對身體的放鬆和延展上，脊椎一定要保持向上延伸的狀態。

舒緩拉背式

舒緩拉背式能拉伸脊椎，釋放脊椎骨的壓力，在脊椎內部形成空間，為椎間盤補充活力；打開雙肩，強化鍛煉肩部肌肉，有效糾正駝背等不良體態；同時還能促進全身的血液循環，舒緩整個神經系統，放鬆心情，消除抑鬱。

站姿，雙腳打開約兩個肩寬的位置；吸氣，自體側抬高雙臂，交叉於頭頂位置。

Step
2

呼氣時身體在雙臂有控制的帶動下緩慢在體前下彎至地面，雙腿膝蓋伸直不要彎曲。

練習技巧：

練習此式時，一定要控制好身體的平衡，動作要緩慢，有控制地起落。儘量保持背部的平直，配合呼吸拉伸身體，不要憋氣。熟練後，可以嘗試雙腿往前傾，感受來自腿部的更大的拉伸力度。

橋平衡式

橋平衡式能使凸起的腹部、臀部內收，可以有效調整不良體態，塑造優雅體形；還能強健腹肌和背肌，避免腰背扭傷或受到其他傷害。此體式還能幫助產後新媽媽集中注意力。

Step 1

身體俯臥，屈雙肘，將雙手放於身體前側，手掌貼地。雙腳併攏，腳背着地，保證雙臂和胸部構成一個三角形。

Step 2

雙手十指交叉相握，大拇指的一側正對眉心，自然呼吸。

Step 3

腳尖點地，深吸氣，呼氣時收腹肌，慢慢帶動身體離開地面，頭部、腰背和臀部保持在一個平面上，每次呼氣要感覺肚臍向脊柱方向提拉，保持姿勢停留5～8次呼吸的時間。再次呼氣時，放下身體，側臉躺在墊子上休息。

半閉蓮變體式

此式能拉伸脊柱、腿部韌帶、跟腱和髖部肌肉；對肝、胰腺和腎臟起按摩的作用；有助於腸胃蠕動，改善吸收系統的功能；對安撫心境有特殊功效；還能增加髖部和骨盆部位的靈活性，幫助形成直立的脊椎。

自然坐在墊子上，腰背挺直，目視前方；雙手放鬆，放於腿上。將左腿抬至右大腿上，成半蓮花狀。

Step
2

彎右膝，雙手自然下垂，掌心貼於膝蓋上。吸氣，肩膀微微下壓，尾骨收緊，擴張胸腔，讓空氣充滿肺部，放鬆整個脊椎。

Step 3

呼氣時，抬左臂，將右手移至左膝上，眼隨手動，使身體向左後方轉動，保持腰背始終同地面垂直，臀部貼地，左臂與地面平行，眼睛看向指尖所在的方向。

Step 4

吸氣時收回左臂，身體向前旋轉，回到正中位置。調整呼吸，換手臂練習。

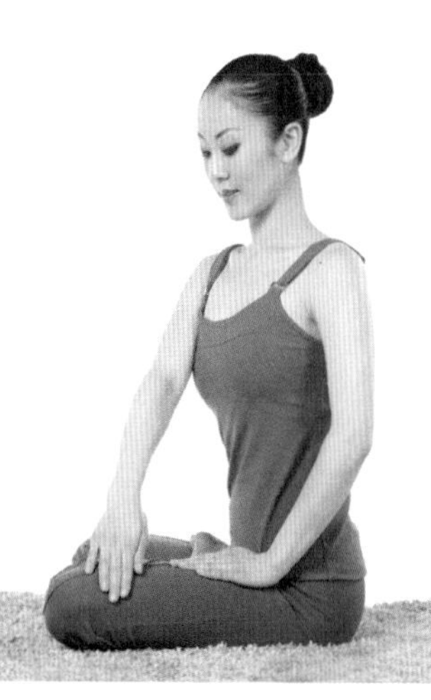

練習技巧：

做此式時整條脊椎應上拔伸直，兩肩應舒張但不挺胸。然後從上而下順勢放鬆，上半身處於自然鬆弛的狀態。練習時臀部不要離地，脊柱始終與地面垂直，感覺到腰部的轉動拉伸就說明鍛煉效果良好。

樹式

這個體式能使能量集中於脊椎，增強身體的穩定性，提高平衡能力，讓人精神平靜、愉悅，有助於集中注意力；同時，還能加強腿部、胸部和背部的肌肉力量與肌肉耐力；此外，還能修飾雙臂和背部的線條，對久坐形成的不良體態有很好的糾正作用。

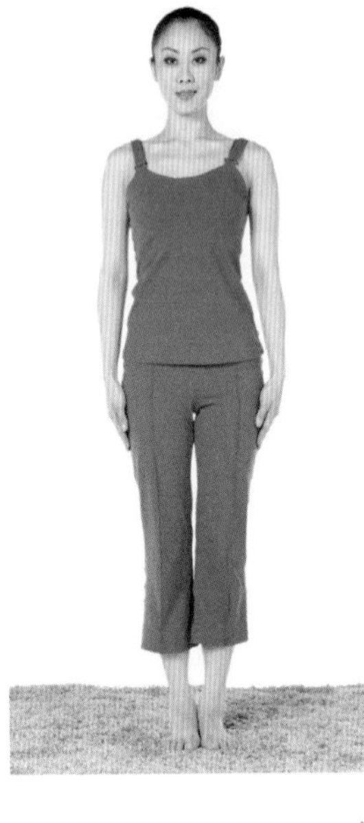

Step 1

挺直腰背站立，雙腿併攏，雙手放在身體兩側，肩膀微微打開、放平，眼睛看向前方。

Step 2

吸氣，曲左膝，抬高左腿，重心轉移到右腳，左手幫助左腳跟放置在右腿根部，靠近會陰處的位置，身體伸直，呼氣。

Step 3

挺直腰背，穩定身體，吸氣，雙臂抬起在胸前合十；左腿膝蓋朝外打開，腳心抵住右大腿內側，控制左腿不往下滑；肩膀放平，身體垂直於地面。

Step 4

呼氣時，雙臂沿着身體中線向上抬起，推舉過頭，上臂夾於耳後，伸直雙臂；肩膀向下向後打開，頭部擺正，伸展頸椎。保持姿勢5～8次呼吸的時間，每次呼氣時都將肚臍內收上提。吸氣時收回雙臂，恢復到開始的姿勢，換邊練習。

練習技巧：

呼吸時，用胸部和胸腔進行呼吸，放鬆肩膀，稍微收腹以支持背部；雙手手臂向上延伸，帶動身體向上；若抬高的腿無法靠近大腿根部，可以先將腳背放在膝蓋上，這樣也可以起到打開髖部、保持平衡的作用，練好了再慢慢上升。

髖屈肌伸展式

這個體式可以有效地伸展整個大腿前側的肌群，避免過度伸展腿後側肌群所造成的肌肉單向性緊張，並且具有增強平衡、協調和集中注意力的作用。

Step 1

雙膝跪立於墊子上，右腳向前跨出一步，小腿垂直於地面，雙手扶住右膝；左腿向後伸展，身體保持挺直，髖部打開。

Step 2

呼氣，指尖撐住右腿兩側地面，髖稍向前推送，身體向前傾，左腳向上勾起，保持姿勢2～3次呼吸的時間。

吸氣時，身體挺直，雙臂伸直，雙手握住左腳尖；呼氣時，腳尖向前壓，雙臂伸直，肩部打開，臀部收緊，體會胸腔的擴張，保持2次呼吸的時間。

Step
4

再次呼氣時，身體再次前傾，雙肘彎曲，將左腳跟拉向臀部，保持3～5次呼吸的時間。吸氣時打開雙手，輕輕放下左腳，回到基礎跪姿，換腿練習。

練習技巧：

練習此體式時，如果感到大腿後側痙攣，就說明已經達到身體的極限，此時應該立刻停止動作；較為熟練後，若想要增強練習強度，最好的方法是使左大腿儘量貼向地面並使骨盆稍向前傾。

手肘輪式

手肘輪式能矯正駝背，增強脊椎、肩部的柔韌性，修正和改善體形；美化身體線條，預防脂肪堆積而形成肥胖；強化手腳力量，協調身體的平衡性；強化內臟機能，按摩內臟，增強免疫力。長期練習此體式，有穩定情緒、解除胸悶、消除憂鬱的作用，能為身體注入積極的能量。

仰臥在墊子上，腰背部放平。吸氣，雙膝彎曲，腳跟分開約一肩寬，力量落在大腿根部，臀部不要離地。雙手抬起後彎，掌心落地，指尖朝向肩部的方向，自然呼吸。

Step 2

吸氣，胸腰用力，髖部上抬，手掌和腳掌穩穩地撐住地面，肘部和小臂成一直線，用肘關節支撐地板。腰部盡力上抬，頭頂落在雙手雙腳的中心線上。控制好身體，做深長的呼吸。

Step 3

呼氣，髖部繼續上推，臀部向內收緊，頭部稍稍擺正，慢慢移至雙手上臂中間，小腿與地面垂直。

Step 4

吸氣，右腿膝關節儘量伸展，朝身體上方延伸，左腳放平，和頭肘部一起保持身體的平衡。肩膀打開，胸腰向外擴張。

Step 5

右腳垂直於地面， 向天空方向伸展，帶動腰部、臀部向上，保持3～5次呼吸的時間。身體還原時，先緩慢收回腿部，身體平衡後，再彎曲膝蓋，緩慢放下身體，移開頭頂，平躺在墊子上休息。

練習技巧：

注意，產後滿 3 個月的媽媽才能練習此體式，初學者不宜輕易嘗試 step5。練習此體式最好有專業的瑜伽教練從旁指導。

Chapter 3

自我療癒，
讓陽光驅散迷霧

當感覺已經處於產後不良情緒的旋渦時，新媽媽應該努力讓自己放鬆下來，通過有效的心理暗示、釋放不良情緒，幫助自己擺脫不良情緒的負面影響。

科學餵養，減輕哺乳壓力

寶寶的餵養問題是新媽媽關注的頭等大事，因為關注，所以容易出現焦慮、緊張、過度擔心等問題！作為新媽媽，你需要以平和的心態對待，減輕餵養壓力。

寶寶餵養是新媽媽關心的頭等大事

寶寶出生後，新媽媽就會面臨餵養問題：到底應該給寶寶吃甚麼？怎樣知道寶寶是否吃飽了？寶寶餵養需要注意哪些方面？剛升級為新媽媽的人對這些問題往往束手無策，難免緊張。寶寶一次次的哭鬧，也讓新媽媽的自信一點點減少。

寶寶餵養是新媽媽關心的頭等大事，不僅僅是營養的問題，還與寶寶的生理發育相輔相成。此外，飲食、營養還是關係寶寶的心理和行為發育的重要因素，吃多樣化的食物可以刺激寶寶認知和感知覺的發展，0～24月齡的寶寶從被動接受餵養到主動進食的過程，與味覺、嗅覺、觸覺、視覺、聽覺等感知覺發育密切相關，同時，也與認知能力、運動協調能力和自我意識的形成相關。寶寶的餵養關係到寶寶今後多方面的發展，新媽媽應該多加注意。

勿盲目追求母乳餵養

母乳是寶寶成長最自然、最安全的食物，但有些新媽媽由於精神壓力大、勞累過度、睡眠不足等，面臨着奶水遲遲不下或奶水不足的問題。看到嗷嗷待哺的寶寶，新媽媽往往更加焦急，甚至產生自責心理。

儘管母乳餵養有諸多好處，但新媽媽也不可過於勉強自己。要知道，因為新媽媽的個體差異，乳腺的發育情況、飲食及睡眠情況等各不相同，母乳分泌的量也各有差異。同時，母乳的分泌也會受寶寶吮吸力度和頻率的影響。母乳不足並非是新媽媽一個人的錯，即使用配方奶餵養寶寶，也未嘗不可。新媽媽不必盲目追求母乳餵養。

不要輕易給自己貼上奶少的標籤

在餵養過程中，很多新媽媽一旦發現寶寶吃奶時間很長、奶水很難擠出等問題，便會認為自己奶水少，擔心不能夠讓寶寶吃飽，影響寶寶的生長發育，便給寶寶添加配方奶。其實，你看到的可能只是奶水不足的假像而已，不要輕易地給自己貼上奶水少的標籤。

奶水充足的表現

怎樣判斷寶寶是否吃飽了，自己的奶水夠不夠呢？新媽媽可以從以下幾個方面來判斷。

● 通過新媽媽乳房的情況來判斷：

- 如果哺乳前有乳房脹滿的感覺，表面靜脈顯露，則代表新媽媽奶水充足。
- 哺乳時有下乳感，寶寶稍稍吮吸後放開，感覺奶水從乳房後部往乳頭方向噴湧。
- 哺乳後乳房變柔軟，但用手擠，還能擠出乳白色的乳汁。

● 通過寶寶吃奶後的表現來判斷：

- 如果寶寶吃完後反應靈敏，精神狀態十分好，眼神中透着靈氣，吃飽後可自動放棄乳頭，能安靜入睡2～4個小時，就説明新媽媽奶水充足。如果寶寶吃完奶還哭鬧不睡，或者睡一下就醒來，那就有可能是沒有吃飽。
- 如果寶寶吸奶時要費很大力氣，但不久就不願再吸而睡着，入睡不到1～2小時又醒來哭吵，有時猛吸一陣就把奶頭吐出來哭鬧，吃完後反應不靈敏，就説明新媽媽奶水不足。

● 根據寶寶的體重增長和排泄物來判斷：

- 一般來説，寶寶體重的增長是隨年齡的長大而增加的，年齡越小，體重增加越快。最初3個月，寶寶每週體重增長180～200克，4～6個月時每週增長150～180克，6～9個月時每週增長90～120克，9～12個月時每週增長60～90克。如果寶寶的體重增長較正常標準少，就説明媽媽奶水不足。
- 寶寶出生3天後，每天的排尿應該要在 6次以上，大便大概3～4 次。一般奶水充足的寶寶大便色澤金黃，呈黏糊狀或成形，但是如果大便量很少，顏色是黑色、棕色，或是綠色的稀便（甚至有綠色泡沫），就表示媽媽奶水不足了。

破解奶水少的認識謬誤

因為生理構造的不同，每個新媽媽奶水的分泌量是不同的，有些新媽媽產後奶水可能比較少，比不上其他媽媽，但未必就不能滿足自己寶寶的需要。只要寶寶夠吃，奶水就不算少。對於新媽媽而言，在判斷奶水是否充足這個問題上，一般會存在以下幾個謬誤。

謬誤一

奶水少導致寶寶吃奶時間過長

有些寶寶可能每次吃奶時間都要超過1個小時，其原因在於新生兒剛離開母體，需要時間來適應全新的環境，而在媽媽的懷抱裏寶寶能感到安全和溫暖。此外，寶寶還能通過不斷地吮吸來獲得一種滿足感。因此，寶寶吃奶時間長，並不代表媽媽奶水不足。

謬誤二

奶水不足致使寶寶吃奶量增加

寶寶在出生後的6～12周時，就到了「猛長期」，寶寶靠吮吸足夠的乳汁來滿足自己的生長需求。寶寶吃奶量增加也可以幫助媽媽分泌更多的乳汁。這時，你只需配合寶寶增加餵奶的次數即可，不必懷疑自己奶水少。

謬誤三

寶寶出生第1周體重下降了，說明奶水不足

寶寶在出生後的最初幾天，體重有所下降是正常的，新媽媽不必擔心。寶寶出生後要排出胎便和小便，還會吐出一些出生過程中吸入的羊水，肺呼吸、皮膚蒸發和出汗也會丟失一些水分，再加上新生兒食量較小，體重自然會下降。

謬誤四

和其他媽媽相比，感覺自己「奶水少」

每個寶寶都是獨特的，而每位媽媽也不可能完全一樣，分泌的奶水從量到營養成分都是為自己的寶寶特別定制的。事實上，只要寶寶的體重增長正常，生長發育的各項指標沒有問題，就不必擔心自己的奶水不足。

謬誤五

漏奶和噴奶反射比以前少了，是因為奶水變少了

胸部有無漏奶現象與奶水是否充足沒有直接關係，漏奶可因乳頭位置較低而出現，也可因新媽媽看到寶寶或別的媽媽哺乳產生條件反射而出現。常漏奶的媽媽，乳量一旦趨於穩定，也不會再漏奶。能否感覺到噴奶反射或隨着時間推移噴奶反射不再強烈，這些都不會影響乳汁的分泌量，新媽媽可以不必擔心。

謬誤六

寶寶將我的乳頭都吮破了，他（她）肯定是不夠吃

乳頭皸裂的最主要原因在於寶寶含乳頭時姿勢不正確，而非媽媽乳汁分泌不足。新媽媽在餵奶時，可以先將乳頭觸及寶寶上唇，引起寶寶的覓食反射，當寶寶張嘴時，讓寶寶靠近自己，保證寶寶能夠將乳頭和乳暈都含在嘴裏，同時上面露出的乳暈要比下面的多；這樣寶寶吮吸時能充分擠壓乳暈下的乳竇，使乳汁排出，也不會咬破乳頭。

謬誤七

寶寶吃兩口奶就睡覺，過一會兒睡醒後又吃

面對這種情況，新媽媽可能會認為這是由於寶寶睡前沒有吃飽造成的。其實很多時候，寶寶並沒有睡，只是累了需要休息一下而已；所以需要反復幾次才能完全吃飽，並不是因為奶水少。這種情況需要新媽媽輕拉寶寶的小耳朵，或給他換尿布，讓他醒過來繼續吃奶就行了。

謬誤八

寶寶容易餓是因為奶水稀、無營養

母乳分為前奶和後奶，前奶比較稀、顏色發灰，是因為裏面含有足夠的礦物質和水，起到為寶寶解渴的作用。哺乳臨結束前的奶是後奶，裏面脂肪及其他營養物質較多，呈濃白色，能為寶寶提供充足的能量。所以，新媽媽在給寶寶餵奶時，要吃空一側再吃另一側，而且每側至少要餵15分鐘以上，這樣才能保證寶寶吃上後奶。

哺乳媽媽心情好，奶水多多

乳汁分泌不但受到新媽媽身體健康條件的限制，而且還與新媽媽的情緒密切相關。情緒會促進或抑制催乳素的釋放，而催乳素是調控乳汁分泌的重要物質。如果新媽媽壓力過大、心情急躁、過度焦慮和抑鬱，會使機體處於應激狀態，就可能抑制催乳素的分泌，影響排乳反射，從而直接影響乳汁的產生和排出，造成乳汁減少。此外，長期心情抑鬱還會導致肝鬱氣滯，產生淤血，不僅會導致乳汁缺乏，還會導致乳汁變色，影響乳汁質量，可能不利於寶寶的健康。

因此，新媽媽在哺乳期間，應儘量保持好心情，平時可多抱抱和撫摸自己的寶寶，促進母子情感交融。同時，也可通過適量的運動、合理的飲食、充足的休息來保證心情的舒暢，以促進乳汁分泌。

催乳要循序漸進

為了儘快催乳，許多新媽媽在產後第1天就開始喝催乳湯，其實剛出生的寶寶，胃容量較小，吃的母乳並不是很多；如果乳汁分泌過多，則易造成乳汁淤滯，使新媽媽的乳房出現脹痛。而且，新媽媽剛生完孩子，身體比較虛弱，情況嚴重的還會在母乳餵養時全身出汗、心跳加速，如果馬上催乳，會導致新媽媽身體更加虛弱。

新媽媽的乳房從懷孕開始就為產後的哺乳做準備，但奶水在新媽媽的乳房裏從開始分泌再到供應充足，是一個循序漸進的過程。產後催乳應根據新媽媽生理變化的特點，循序漸進，不可操之過急，這樣對於新媽媽和寶寶都有益。尤其是剛剛生產後，新媽媽的腸胃功能尚未完全恢復，乳腺才開始分泌乳汁，乳腺管還不夠通暢，乳汁下來過快過多反而會適得其反。此外，還要注意的是，喝催乳湯也得視新媽媽的身體情況而定，若是身體健壯、營養好、初乳分泌量較多，則可適當推遲喝湯時間，喝的量也可相對減少一些。而順產新媽媽第1天不要急於喝湯，人工助產新媽媽可適當提前吃催乳的食物。在飲食上，可以遵循「產前宜清，產後宜溫」的傳統，少吃油膩催乳食物，多吃一些易於消化的帶湯的燉菜；同時，也要注意避免進食影響乳汁分泌的食物，如麥芽等。

選擇合適的催乳食物

新媽媽產後乳汁不多，可以利用食物來進行催乳。而在眾多的食物當中，下面這些常見的食物催乳效果最佳，不妨將其加入新媽媽的飲食中。下面我們一起來了解這些食物的食補作用及相關食用禁忌。

常見催乳食材

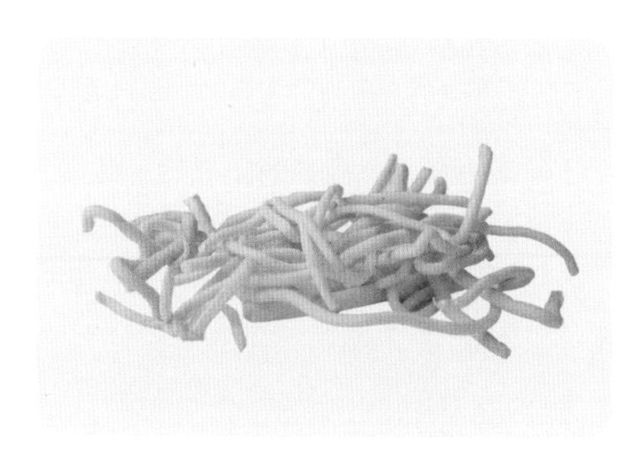

通草　通草是一種常用中藥，具有清熱利濕、通氣下乳的功效。產後氣血不足、乳汁少、乳汁分泌不足的新媽媽，可以將通草與豬蹄同煮成湯或粥，有補虛下乳的功效。但需要注意的是，通草不能食用過多，以免引起噁心、嘔吐、胃痛等不適。

絲瓜絡　絲瓜絡是一種中藥材，可通經行絡、涼血解毒。當新媽媽乳房有包塊、出現乳腺炎症、乳汁分泌不暢時，將絲瓜絡放在高湯內燉煮，飲用其湯水，可以起到通調乳房氣血、催乳的功效。但脾胃虛寒者不宜食用。

黑芝麻　黑芝麻含有多種人體所必需的氨基酸、大量的脂肪及蛋白質等營養物質，具有補肝腎、益精血、潤腸燥等功效，可催乳、補氣血。新媽媽如果奶水不足，食用黑芝麻大有裨益。但黑芝麻不能多吃，每天食用小半匙即可，否則容易導致脫髮。

小米　小米富含碳水化合物、B族維他命、紅蘿蔔素等，有「代參湯」的美譽，是理想的催乳食品。新媽媽身體虛弱、乳汁不足時，可以用小米粥來調養。小米不能過度清洗，也不能長時間浸泡。

牛奶　牛奶被稱為「白色血液」，新媽媽多食可以催乳，並保持母乳中鈣含量的相對穩定。睡前喝上一杯溫熱的牛奶，補鈣、催乳效果更好。要注意喝牛奶時不能空腹，也不能與菠菜同食。

豬蹄　豬蹄含有豐富的膠原蛋白和脂肪，不僅可加速新陳代謝、延緩機體衰老，還具有較好的補虛、催乳作用。豬蹄花生湯是催乳佳品，新媽媽可多食用。但臨睡前不宜食用豬蹄，以免增加血液黏稠度。

鯽魚　鯽魚中的蛋白質、鈣、磷、鐵等營養物質豐富，具有和中補虛、溫脾養胃的功效，對產後脾胃虛弱、乳汁分泌少有很好的滋補食療作用。但鯽魚屬腥類食物，感冒發熱期間不宜過多食用，以免影響消化。

鯉魚　鯉魚含有多種維他命和礦物質，催奶、下奶功效明顯，乳汁分泌少的新媽媽不妨多食用。但同時也要注意鯉魚是發物，坐月子期間，新媽媽食用要儘量避免紅燒、煎炸等烹飪方式，以免對身體不利。

蝦　蝦有菜中「甘草」的美稱，具有很好的催乳作用，且富含鈣、磷、鎂等營養物質，對產後乳汁不通、乳汁缺少的新媽媽有很好的補益作用。烹製蝦時，要注意時間不宜過長，否則容易導致蝦肉變乾變硬，影響口感。

花生　花生具有扶正補虛、健脾養胃的功效，還有很好的補血效果，能改善新媽媽貧血、乳汁不足的問題。食用時和豬蹄一起熬湯，催乳效果更佳。但花生脂肪含量高，不易消化，新媽媽不宜過多食用。

茭白　茭白含有碳水化合物、蛋白質、維他命C及多種礦物質等，有解熱毒、防煩渴和催乳的功效。烹飪時和豬蹄、通草（或山海螺）同煮食用，催乳作用更明顯。茭白性涼，新媽媽不宜多食。

豌豆　豌豆具有利二便、生津液、通乳的功效，而鮮豌豆中還含有大量的維他命C，可提高新媽媽的身體抵抗力。乳汁分泌不暢的新媽媽適量食用豌豆，可起到催奶的作用，但不宜經常且大量食用。

萵筍　萵筍含鉀量十分豐富，有利於體內的水電解質平衡，從而促進乳汁的分泌。新媽媽奶水少時，可用萵筍燒豬蹄食用，比單用豬蹄催乳效果更佳，但注意烹調時不宜放鹽過多，否則會使營養成分外滲，也影響口感。

黃花菜　黃花菜（金針菜）對產後乳汁較少、失眠有食療作用，被譽為「催乳聖品」。新媽媽產後乳汁分泌不暢時，可以將其與豬瘦肉燉湯食用。鮮黃花菜最好先用開水焯燙，並用清水多次浸泡後再食用，以免誤食引起中毒。

木瓜　木瓜裏面的木瓜素，能在較短的時間內把蛋白質分解成人體易吸收的養分，從而直接刺激母體乳腺的分泌。用木瓜燉牛奶，催乳效果更明顯，但要注意木瓜中的番木瓜鹼對人體微有毒性，一次食用不宜過多。

上湯枸杞子娃娃菜

材料

娃娃菜270克，雞湯260毫升，枸杞子少許

調味料

鹽、雞粉各2克，胡椒粉、生粉水各適量

做法

1 鍋中注入適量清水燒熱，倒入雞湯，加入少許鹽、雞粉，用大火略煮片刻，直至湯汁沸騰。
2 倒入洗淨的娃娃菜，攪拌勻，煮至娃娃菜變軟。
3 撈出娃娃菜，瀝乾水分，擺放在盤中，備用。
4 鍋中留少許湯汁燒熱，倒入洗淨的枸杞子，拌勻。
5 加入胡椒粉，拌勻；加入適量生粉水勾芡，調成味汁。
6 關火後盛出調好的味汁，澆在娃娃菜上即可。

營養功效　娃娃菜含有胡蘿蔔素、B族維他命、維他命C、鈣、磷、鐵等營養成分，用雞湯煮製，不僅能調補身體，還能促進泌乳，產後乳汁較少的新媽媽可以常食。

營養功效　茭白富含蛋白質、B族維他命、維他命C以及多種礦物質等，有解熱毒、防煩渴、利二便和催乳的功效，搭配香菇同炒，適合新媽媽催乳食用。

香菇炒茭白

▶ 材料

茭白200克，鮮香菇20克，葱 、紅蘿蔔片各少許

▶ 調味料

鹽、雞粉、芝麻油、生粉水、食用油各適量

▶ 做法

1 將已去皮洗淨的茭白切片，洗好的鮮香菇切成片，洗好的葱切成段。
2 熱鍋注油，倒入茭白、香菇和紅蘿蔔片，翻炒約1分鐘。
3 加入少許鹽、雞粉，炒至熟透。
4 加入少許生粉水，炒勻；淋入芝麻油，拌勻；撒入葱段，拌炒勻。
5 將炒好的香菇茭白盛入盤內即成。

鮮奶豬蹄湯

營養功效　鮮奶豬蹄湯是常見的催乳的食療方，其含有豐富的脂肪和優質蛋白質等營養成分，有利於新媽媽乳汁的分泌。

▶ **材料**

豬蹄200克，紅棗10克，牛奶80毫升，高湯適量

▶ **調味料**

料酒5毫升

▶ **做法**

1. 鍋中注水燒開，放入洗淨切好的豬蹄，煮約5分鐘，汆去血水。
2. 加少許料酒，去腥提味。
3. 撈出汆好的豬蹄，過冷水，備用。
4. 砂鍋中注入高湯燒開，放入汆煮好的豬蹄和紅棗，拌勻。
5. 蓋上鍋蓋，用大火煮約15分鐘，轉小火煮約1小時，至食材軟爛。
6. 打開鍋蓋，倒入牛奶，拌勻，稍煮片刻，至湯水沸騰。
7. 關火後盛出煮好的湯料，裝入碗中即可。

> **營養功效**　鯉魚湯是非常好的催乳湯品，搭配木瓜一起燉煮，尤其適合產後乳汁少、乳汁不通、脾胃虛弱的新媽媽食用。

木瓜鯉魚湯

▶ 材料

鯉魚800克，木瓜200克，紅棗8克，芫茜少許

▶ 調味料

鹽、雞粉各1克，食用油適量

▶ 做法

1. 洗淨的木瓜削皮，去籽，切塊；紅棗洗淨去核；洗好的芫茜切大段。
2. 熱鍋注油，放入處理乾淨的鯉魚，稍煎2分鐘至表皮微黃。
3. 關火後將煎好的鯉魚盛出，裝盤備用。
4. 砂鍋注水，放入煎好的鯉魚。
5. 倒入切好的木瓜、紅棗，拌勻。
6. 加蓋，用大火煮30分鐘至湯汁變白。
7. 揭蓋，加入芫茜、鹽、雞粉，稍稍攪拌。
8. 關火後盛出煮好的鯉魚湯，裝碗即可。

黑木耳山藥煲雞湯

營養功效　黑木耳和山藥一起燉雞，具有較好的健脾、補氣、養血、補虛功效，對產後身體虛弱引起的乳汁缺乏有益。

▶ 材料

去皮山藥（鮮淮山）100克，水發木耳90克，雞肉塊250克，紅棗30克，薑片少許

▶ 調味料

鹽、雞粉各2 克

▶ 做法

1 洗淨的山藥切滾刀塊；紅棗洗淨去核。
2 鍋中注水燒開，倒入洗淨的雞肉塊，汆去血水，撈出。
3 鍋中注入適量清水，倒入汆好的雞肉塊，放入山藥塊、木耳、紅棗和薑片。
4 加蓋，燒開後煮約100 分鐘至食材有效成分析出。
5 揭蓋，加入鹽、雞粉，攪拌調味。
6 加蓋稍煮片刻，盛出煮好的雞湯即可。

營養功效　豬蹄是催乳的良好食材，搭配同樣具有催乳功效的通草燉成粥，對哺乳媽媽能起到催乳和美容的雙重作用。

豬蹄通草粥

材料

豬蹄350克，水發大米180克，通草2克，薑片少許

調味料

鹽、雞粉各2克，白醋4毫升

做法

1 砂鍋中注入適量清水燒開，倒入洗淨的豬蹄塊。
2 加入適量白醋，大火煮沸後汆去血水，撈出備用。
3 砂鍋中注入適量清水，用大火燒開，倒入豬蹄、薑片、洗淨的通草、泡發好的大米，拌勻。
4 蓋上蓋，燒開後用小火燉煮30分鐘至大米熟爛。
5 揭蓋，加入適量鹽、雞粉，拌勻調味。
6 關火後把粥盛出，裝入碗中即可。

雞肉豆腐紅蘿蔔小米粥

▶ **材料**

小米、雞肉各50克，豆腐、紅蘿蔔各30克

▶ **調味料**

鹽適量

▶ **做法**

1 處理好的雞肉切成丁，豆腐切塊。
2 紅蘿蔔切圓片，放入電蒸鍋中，蒸13分鐘至熟透，取出，放入大碗中。
3 用匙子將紅蘿蔔壓碎，備用。
4 備好絞肉機，將雞肉、豆腐倒入攪拌杯，將食材打碎，倒入碗中；加入鹽，攪拌勻，待用。
5 將小米洗淨後用清水浸泡30分鐘。
6 將雞肉泥捏製成丸子，放入裝有開水的碗中，汆燙至半熟，撈出，待用。
7 奶鍋中注入水燒熱，倒入小米，煮沸；蓋上鍋蓋，用小火煮20 分鐘。
8 揭蓋，倒入紅蘿蔔碎、雞肉丸子，拌勻，續煮2分鐘至熟，關火後盛出即可。

營養功效　豆腐有補中益氣、清熱潤燥、生津止渴等功效，搭配小米、紅蘿蔔和雞肉燉成粥，營養更易吸收，適合新媽媽催乳時食用。

營養功效　花生搭配黃豆和紅棗同食，不僅有益智健腦、養生保健、美容健體等功效，還能有效促進新媽媽泌乳。

花生黃豆紅棗羹

材料

水發黃豆250克，水發花生100克，去核紅棗20克

調味料

冰糖20克

做法

1 砂鍋注水燒熱，倒入泡好的黃豆、泡好的花生和紅棗。
2 加蓋，用大火煮開後轉小火續煮40分鐘至食材熟軟。
3 揭蓋，倒入冰糖，攪拌至溶化。
4 關火後盛出甜品湯，裝碗即可。

黑芝麻小吐司

營養功效　黑芝麻含有大量的脂肪和蛋白質，本品可作為哺乳媽媽的小零食，為新媽媽哺乳提供充足的體力和營養。

材料

高筋麵粉250克，乾酵母2克，牛油、雞蛋各30克，牛奶15毫升，黑芝麻50克，雞蛋液適量

調味料

鹽3克，細砂糖100克

做法

1. 將高筋麵粉、乾酵母、牛油、雞蛋、鹽、細砂糖、牛奶、水倒入麵包機中，按下啟動鍵，開始和麵。
2. 將和好的麵糰用擀麵杖擀成橢圓形麵餅。
3. 翻轉麵餅，捲成長條形，放入鋪好芝麻的盤中，使其一面裹上黑芝麻。
4. 把裹上黑芝麻的麵糰放進模具中，再放入烤箱中發酵1～2 小時，讓麵糰體積膨脹2 倍。
5. 在發酵好的麵糰表面刷上雞蛋液，並用小刀在表面劃出細痕以排氣。
6. 將麵糰放進預熱好的烤箱烤10～12分鐘，取出切片即可。

木瓜牛奶飲

營養功效　本品含有豐富的優質蛋白質、鈣等營養元素，具有通乳、補鈣、通便等功效，常食還能美白肌膚，是哺乳期媽媽的優質飲品。

▶ 材料

木瓜肉140克，牛奶170毫升

▶ 調味料

白糖適量

▶ 做法

1 木瓜肉切成小塊。
2 取榨汁機，選擇攪拌刀座組合，倒入木瓜塊，加入牛奶。
3 注入適量純淨水，撒上少許白糖，蓋好蓋子。
4 選擇「榨汁」功能，榨取果汁。
5 斷電後倒出果汁，裝入杯中即成。

正確按摩有助於催乳

新媽媽乳汁分泌不足，心情難免煩躁、焦急。其實，借助一些物理療法也可以安全有效地促進乳汁的分泌，催乳按摩就是目前比較流行的一種催乳方式。

安全有效的催乳按摩法

催乳按摩，可促進新媽媽乳房部位的毛細血管擴張，改善局部血液循環，從而起到促進乳汁分泌和排出的作用。

木梳按摩法

① 用熱水熏洗乳房。

② 將木梳烤熱。

③ 一手托起乳房，一手持木梳梳背沿着乳房邊緣向乳暈梳理，反復數次。

寶寶嘴巴按摩法

① 用手臂托住寶寶，讓寶寶的脖子靠在肘彎處，前臂托住寶寶的背部。

② 另一隻手托住乳房，把乳頭放在寶寶上唇或鼻子處，當寶寶的嘴張大時，將乳頭放入寶寶口中，讓寶寶含住乳暈，此時寶寶的嘴像魚嘴一樣，下唇外翻，媽媽可以看到上方的乳暈比下方多。

③ 讓寶寶吸空乳房。

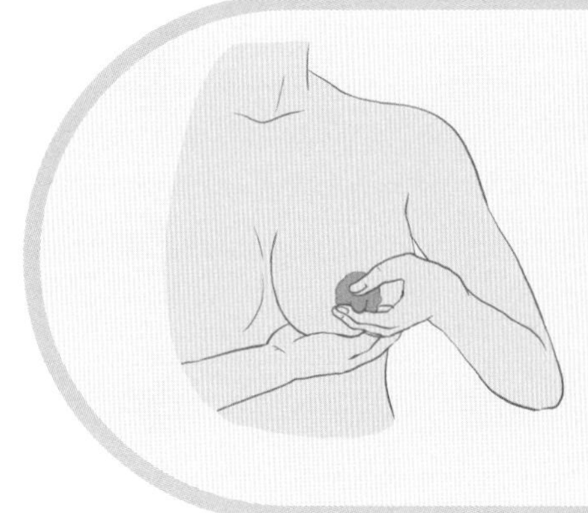

乳房底部按摩法

① 把乳房往中間推，儘量讓兩個乳頭靠近。

② 用一隻手從底下橫着托住一側乳房，另一隻手的食指和拇指稍用力提拉乳頭，讓胸部挺起來。

③ 用兩隻手把乳房包住，然後像是在揉麵糰似的揉動乳房。

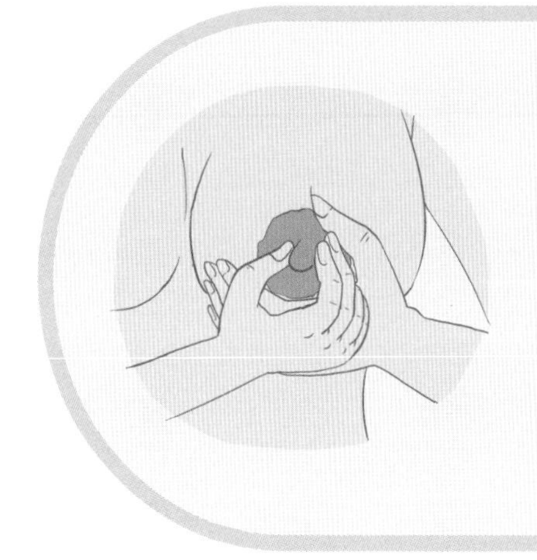

按摩乳頭催乳法

① 用一隻手從下面托住乳房，用另一隻手輕輕地擠壓乳暈部分，讓其變得柔軟。

② 用拇指、食指和中指三根手指夾起乳頭，輕輕往外拉。

③ 繼續用三根手指向前夾起乳頭，一邊輕輕擠壓並儘量讓手指收緊，一邊旋轉乳頭。

催乳按摩注意事項

很多人都知道產後催乳按摩的重要意義，也知道在產後要及時對乳房進行催乳按摩，卻不知道如何更科學、更有效地進行按摩。為此，專家提醒：

按摩前講究小技巧。為了防止在按摩時損傷皮膚，不妨用橄欖油或潤膚露對手和乳房進行潤滑，然後再開始按摩。同時，也可以用熱水袋、熱毛巾等敷在雙側乳房15分鐘，這樣可以減少做按摩時引起的疼痛。

不要過度用力擠壓乳房。乳房中有很多細小的乳腺，過於強烈的擠壓會嚴重損傷乳管，不僅容易導致乳汁減少，而且還可能加大乳腺炎發生的概率。按摩時要注意手法，以輕柔為主，力度均勻，輕重適度。

避免用過熱的水進行熱敷。奶水比較少的話，適當用熱毛巾進行熱敷有助於改善乳房的血液循環，但是如果用過熱的水進行熱敷，不僅達不到催乳的效果，而且還會引起燙傷，嚴重者還會引起乳頭感染。

巧用食物，吃出好心情

食物不僅可以為我們提供營養，還可以給你帶來愉快的心情，食物中的某些營養成分，可以使人鎮定安神、平緩心情，進而擺脫不安、沮喪的情緒。下面我們將教您如何運用飲食的力量調節情緒。

改善不良情緒的飲食療法

新媽媽由於受多方面的影響，容易情緒低落和抑鬱，這不僅對自己的健康不利，還會影響寶寶的發育。食物是緩解不良情緒的良藥，要想吃得健康、吃得科學，以下幾點飲食原則需要多加注意。

少吃甜食、戒酒

一般來説，吃甜食、飲酒會增加機體對鋅的消耗，從而導致體內缺鋅。缺鋅容易引起抑鬱，使人情緒不穩。為此，新媽媽不妨多吃一些富含鋅的食物，比如魚、南瓜、茄子、白菜、豆製品、堅果等，少吃糖果、蛋糕等甜食，不飲酒。

多吃高纖維食物

香蕉、大豆、茄子、燕麥、糙米、全麥麵包等食物含有較多纖維，高纖維食物可以增加血液中鎂的含量，具有調整情緒、鎮靜神經、減輕壓力的功能。新媽媽情緒低落時，不妨多食用一些高纖維食物，有助於改善情緒。

避免喝含咖啡因的飲料

咖啡、茶、可樂等飲料中含有咖啡因，咖啡因是一種成癮性藥物，會引起類似焦慮的症狀，如心悸、震顫、睡眠紊亂等，同時，也會增加個體焦慮、不安的情緒。因此，新媽媽應該避免喝含有咖啡因的飲料。

忌吃辛辣溫燥食物

辛辣溫燥食物對味覺神經刺激太強，會影響腸胃道內分泌調節系統，還可助內熱，引起新媽媽虛火上升。上火不僅影響身體，還會影響情緒，容易出現易怒、精神不集中等症狀。因此，新媽媽飲食宜清淡，不宜吃辛辣溫燥食物，比如大蒜、辣椒、胡椒、茴香、韭菜等。

影響情緒的關鍵營養素

食物中的一些營養素不僅能夠產生一定量的神經遞質，還能夠改變它們在血液中的濃度，而所謂的神經遞質，是一些可以攜帶一定身體信息的化學「信使」，它們來往於神經細胞之間，能夠傳遞一些諸如焦慮、抑鬱、警覺、輕鬆等各種各樣的情緒信息，從而影響人們的情緒。一般來説，鈣、鎂、B族維他命及碳水化合物等都會影響神經遞質的生成，它們是影響情緒的關鍵營養素。

鈣

鈣不僅和骨骼、肌肉的功能有關，還和神經系統的功能有關。鈣有助於緩解痙攣、強化神經系統的傳導反應，可幫助調節心跳、肌肉收縮。缺鈣會使神經系統處於過度興奮的狀態，很難達到寧靜、耐心、堅韌的狀態，容易出現急躁情緒。為安定情緒，建議新媽媽每天攝取1200～1500毫克的鈣質，可通過多食富含鈣質的食物，比如牛奶及其製品、蝦米、黑芝麻、綠葉蔬菜等來補充。

鎂

鎂具有調節神經細胞和肌肉收縮的功能，是能安定情緒、消除焦慮的營養素，攝入豐富的鎂能夠讓人抵抗精神壓力帶來的血壓升高，減少壓力激素的過度分泌，有「抗壓力營養素」之稱。全穀類、綠色蔬菜、豆類、堅果類以及海鮮等都是鎂的豐富來源，在新媽媽的飲食中可以適當添加。但鎂的攝入量不宜過多，如果每天攝入的鎂大大超過生理需求量，容易造成鎂過剩，需要通過腎臟排出的金屬離子增加，引起鎂中毒。研究證實，每日攝取250毫克的鎂就足夠了，同時，也要注意多喝水，有助於鎂的排泄。

B族維他命與情緒也密切相關。當維他命B_1缺乏時，人體會出現情緒沮喪、反應遲鈍、感覺異常等神經系統症狀。維他命B_6是氨基酸代謝的必要輔助元素，人體的很多神經遞質都是由氨基酸轉變來的，比如5 -羥色胺、多巴胺，這些都是控制情緒的主要物質，能夠直接影響人的心理功能和生理功能。維他命B_{12}則與神經鞘的合成有關，一旦缺乏，人會出現思維能力下降、空間感存在障礙等狀況。牛奶、雞肝、蛋黃、大豆等都是常見的富含B族維他命的食物，新媽媽不妨多多食用。

碳水化合物是身體組織能量的關鍵來源，也是消除緊張、疲勞的好幫手，它能刺激胰島素分泌，進而協助更多的色氨酸進入腦中，合成血清素，達到幫助放鬆和減輕緊張、焦慮情緒的效果。碳水化合物供應不足會易使人發生喜怒無常、記憶力下降、煩躁、抑鬱、失眠等情況。富含碳水化合物的食物中，以單糖的吸收效果最好，卻很容易造成肥胖、使血糖急劇升高，為此，專家建議新媽媽可以改為選擇多醣類的食物，如糙米、粟米、小米等食物，既能調節情緒，又能避免肥胖、血壓升高等。

調節情緒的食物大收羅

新媽媽在產後因為壓力問題容易產生焦慮、煩躁、委屈、抑鬱等負面的情緒，此時，應該如何調節呢？很多美味在給我們提供味覺上的享受時，也能幫我們調節情緒。下面介紹幾種可以改善情緒的食物，新媽媽心情低落時，不妨適量選用。

調節情緒的明星食材

燕麥　燕麥富含B族維他命，而B族維他命有助於平衡中樞神經系統，起到緩和焦慮情緒的作用。新媽媽每天早上喝上一碗燕麥粥，有助於擺脱焦慮。

小米　小米含有豐富的色氨酸，色氨酸進入大腦後，在酶的作用下，能夠合成5-羥色胺，而5-羥色胺就是大腦內的「快樂素」，它可以調節情緒、補充精力、加強記憶力等。

糙米　糙米富含B族維他命和碳水化合物，B族維他命能令大腦內的「血清素」保持平衡，有助於神經系統的穩定；碳水化合物轉化為血糖後，可促進血清素的釋放，使人感到快樂。

菠菜　菠菜富含葉酸，缺乏葉酸會直接導致血清素的減少，繼而引發抑鬱情緒的產生。此外，菠菜還富含另一種降壓營養物質—維他命C，能使人身心放鬆。

番茄　番茄含有多種「快樂營養素」，比如葉酸、鎂、鐵、維他命B_6等，這些都是大腦調節情緒時必需的元素。不過，茄紅素是脂溶性營養素，和油脂一起烹飪才能被人體吸收。

南瓜子　南瓜子富含維他命B_1和維他命E，這些營養素對包括血清素在內的神經傳遞素起着重要的調節作用，從而幫助改善情緒。此外，新媽媽食用南瓜子能起到緩解緊張感、放鬆精神、改善睡眠的作用。

葡萄柚　葡萄柚富含維他命C，在增強身體抵抗力的同時，還能抗壓。在製造多巴胺、腎上腺素時，維他命C是重要成分之一，而多巴胺會影響大腦的運作，傳達開心的情緒，新媽媽不妨多食用葡萄柚。

香蕉　香蕉含有較多的鎂。身體缺乏鎂會使人的情緒趨於緊張，從而增加緊張激素的分泌。同時，香蕉也是色氨酸和維他命B_6的來源，這些都可以幫助大腦製造血清素，減少憂慮情緒。

紅棗　紅棗中含有的環磷酸腺苷是人體能量代謝的必需物質，能增加心肌收縮力，改善心肌營養。新媽媽適量食用紅棗能夠緩解疲勞，有滋養調理之效。但新媽媽一次食用紅棗最好不要超過20顆。

雞蛋　雞蛋富含膽鹼，膽鹼是維他命B複合體的一種，有助於提高記憶力，使注意力更加集中。雞蛋內還含有人體正常活動所必需的蛋白質，能令人輕鬆度過每一天。因此，新媽媽可以適量食用雞蛋。

牛奶　牛奶富含色氨酸，色氨酸可轉化為5-羥色胺，改善憤怒情緒。另外，牛奶中的鈣和鎂也有助於降低血壓、舒緩壓力。新媽媽可以在睡前喝一杯熱牛奶，以達到安神和改善睡眠的目的。

深海魚　深海魚富含長鏈多不飽和脂肪酸，如DHA（二十二碳六烯酸）和EPA（二十碳五烯酸），其可以調節神經傳導，增加血清素的分泌量，起到平衡情緒、預防抑鬱症的作用。因此，新媽媽可適量食用深海魚。

清炒菠菜

營養功效 血清素是改善抑鬱症的主要物質，而體內的血清素主要依靠葉酸。菠菜富含葉酸，常食本品能有效改善新媽媽的產後不良情緒。

▶ 材料

菠菜300克

▶ 調味料

鹽、白糖各3克，食用油適量

▶ 做法

1 將洗淨的菠菜切去根部。
2 鍋中加入適量食用油。
3 倒入洗淨的菠菜，翻炒至熟軟。
4 加入鹽、白糖炒勻調味。
5 用筷子夾入盤內即可。

拔絲香蕉

營養功效　香蕉含有一種叫做生物鹼的物質，可以讓人的精神興奮。香蕉還是富含維他命B_6的食物，對於血清素的製造有着極大的輔助作用，有利於抑鬱症的緩解。

▶ 材料

香蕉200克，麵粉140克，雞蛋1個，白芝麻適量

▶ 調味料

白糖、食用油、生粉、吉士粉各適量

▶ 做法

1. 麵粉中加入生粉、吉士粉、雞蛋、水，攪成麵粉糊，倒入少許食用油拌勻。
2. 香蕉去皮，果肉切小段，裹上麵粉糊，備用。
3. 熱鍋注油，燒至五六成熱，放入香蕉。
4. 小火炸約2分鐘至香蕉呈金黃色時撈出。
5. 鍋留底油，加少許清水，倒入適量白糖，用慢火燒，鍋鏟順時針不停地攪拌。
6. 待糖汁表面的大氣泡變小，且微微有點淺紅色時，倒入炸好的香蕉。
7. 快速拌炒勻，盛出，再撒上白芝麻即成。

蜜汁雞翼

營養功效　蜂蜜營養豐富，美容養顏，和雞翼一起做菜，肉質鮮嫩爽口，甜味適中，醬汁濃郁入骨，鮮香撲鼻，能讓人食慾大增，心情也變得好起來！

材料

雞中翼500克，薑片、葱條各少許

調味料

鹽3克，白糖2克，蜂蜜30克，料酒、生抽、老抽、食用油各適量

做法

1 洗淨的雞翼加薑片、葱條、料酒、生抽、鹽、白糖，拌勻，醃漬10分鐘。
2 熱鍋注油，燒至六成熱，倒入醃好的雞翼，中火炸約5分鐘至熟透，撈出。
3 鍋底留油，注入少許清水，倒入蜂蜜，加鹽拌勻，燒開。
4 倒入雞翼，加老抽拌勻，煮約1分鐘至入味。
5 用小火收汁約2分鐘，將雞翼夾入盤內。
6 淋入甜汁即可。

菠蘿炒蝦仁

營養功效　菠蘿口味鮮甜，搭配富含優質蛋白的蝦仁同炒，鮮香開胃，帶點微甜，很適合產後心情不好的新媽媽食用。

材料

蝦仁100克，菠蘿肉150克，青椒、紅椒各15克，薑片、蒜末、蔥段各少許

調味料

鹽5克，生粉水10毫升，雞粉3克，料酒、食用油各適量

做法

1 將洗淨的菠蘿肉切成塊；洗淨的青椒、紅椒切塊；蝦仁洗淨，備用。
2 蝦仁加少許鹽、生粉水拌勻，加少許食用油，醃漬5分鐘。
3 鍋中加約1000毫升清水燒開，放入菠蘿塊，煮沸後撈出。
4 倒入蝦仁，攪散，變色即可撈出，備用。
5 用油起鍋，倒入薑片、蒜末、蔥白，加入切好的青椒、紅椒，炒香。
6 倒入汆水後的蝦仁，淋入適量料酒，倒入菠蘿塊，炒勻。
7 加鹽、雞粉，炒勻，加生粉水勾芡。
8 加少許熟油，翻炒至入味，盛出裝盤即可。

生滾豬肝粥

營養功效　動物肝臟都具有一定的改善情緒的作用，豬肝營養豐富，將其製成粥，不僅容易消化，還能為新媽媽補充足夠的體力，讓新媽媽遠離抑鬱。

▶ 材料

豬肝、大米各100克，薑絲、葱花各少許

▶ 調味料

鹽、雞粉、料酒、生粉、胡椒粉、芝麻油、食用油各適量

▶ 做法

1 洗淨的豬肝切片，裝碗，加鹽、料酒拌勻。
2 撒上生粉拌勻，腌漬10分鐘。
3 砂煲中注入適量清水燒開，倒入洗淨的大米，加食用油拌勻。
4 蓋上蓋，煮約30分鐘至大米成粥。
5 揭蓋，放入豬肝拌勻，煮至斷生，放入薑絲。
6 蓋上蓋，略煮片刻至豬肝熟透，加鹽、雞粉、胡椒粉調味。
7 淋入芝麻油，攪拌均勻，撒上葱花，取下砂煲即成。

宋嫂魚羹

營養功效 鱖魚含有豐富的蛋白質、鈣、磷、鐵等營養元素，將其製成魚羹，口感香濃爽滑，味道鮮美，具有補氣血、健脾胃、調節情緒等功效。

材料

鱖魚600克，雞蛋黃2個，熟竹筍45克，浸發香菇少許

調味料

鹽4克，料酒3毫升，雞粉、香醋、高湯、食用油、生粉水各適量

做法

1 將宰殺處理乾淨的鱖魚切下頭，然後剔除脊骨、腩骨。
2 將竹筍切絲；洗淨的香菇去蒂，切片，裝盤備用。
3 將鱖魚肉放入盤中，加入少許料酒、鹽。
4 將鱖魚放入蒸鍋，蒸15分鐘至熟，取出。
5 挑去魚皮，用刀將魚肉壓成肉泥，裝入盤中備用。
6 鍋中注水燒開，放入竹筍絲、鹽、香菇，焯至熟，撈出。
7 用油起鍋，放入竹筍、香菇，煸炒香。
8 加入料酒、高湯、水、鹽、雞粉，拌炒至入味。
9 倒入魚肉泥，煮約1分鐘至沸，轉小火，加生粉水，調勻。
10 轉大火，倒入蛋黃，攪勻，倒入香醋，拌勻盛出即可。

西芹炒百合

營養功效　西芹中含有一定的葉酸，以及鐵、鋅等微量元素，有平肝降壓、安神鎮靜、提高食慾的作用，多吃本品還可以增強人體的抗病能力，使新媽媽遠離產後抑鬱。

▶ 材料

西芹100克，百合20克，紅蘿蔔50克，薑片、葱白各少許

▶ 調味料

鹽2克，雞粉1克，食用油適量

▶ 做法

1 把洗好的紅蘿蔔切成片，洗淨的西芹切成段。
2 鍋中注水燒開後倒入西芹，焯片刻。
3 倒入紅蘿蔔和洗淨的百合拌勻煮2分鐘，撈出備用。
4 炒鍋熱油，倒入西芹、紅蘿蔔、百合，翻炒片刻。
5 加入鹽、雞粉，拌炒約1分鐘入味。
6 倒入薑片、葱白，炒香，淋入少許清水，快速拌炒勻。
7 起鍋盛入盤中即可。

核桃黑芝麻酸奶

營養功效　酸奶是有益身心的健康零食之一，這款核桃黑芝麻酸奶，含有較多的蛋白質及人體所需的不飽和脂肪酸，能滋養腦細胞，增強腦功能，改善心情。

材料

酸奶200克，核桃仁30克，草莓20克，黑芝麻10克

做法

1 將洗淨的草莓切小塊。
2 將鍋置火上燒熱，放入洗淨的黑芝麻。
3 用中小火翻炒勻，至其散出香味。
4 關火後盛出炒好的黑芝麻，裝入盤中，備用。
5 取備好的杵臼，倒入核桃仁，用力壓碎。
6 放入炒過的黑芝麻，再碾壓片刻，至材料呈粉末狀。
7 將搗好的材料倒出，裝入盤中，即成核桃粉，備用。
8 取一隻碗，放入切好的草莓，倒入酸奶，撒上核桃粉即可。

營養功效 要想心情好，甜湯少不了。用木瓜和牛奶煮成的甜湯，不僅口感細膩，而且營養豐富，是適合新媽媽的優良飲品之一。

牛奶木瓜甜湯

材料

木瓜肉200克，牛奶200毫升

調味料

白糖適量

做法

1 木瓜去皮，洗淨切塊，放入盤中備用。
2 鍋中倒入少許清水燒熱，加入白糖，拌勻燒開。
3 倒入木瓜，煮約3分鐘至熟透。
4 倒入牛奶，用湯勺拌煮至沸騰。
5 將湯盛入碗中，待稍涼即可食用。

山楂蒸雞肝

營養功效　產後食用蒸雞肝，能改善女人的氣色，搭配山楂一起蒸，還能開胃消食、增進食慾、改善心情，適合產後有不良情緒的新媽媽食用。

▶ 材料

山楂50克，山藥（鮮淮山）90克，雞肝100克，水發薏米80克，葱花少許

▶ 調味料

鹽2克，白醋4毫升，芝麻油2毫升，食用油適量

▶ 做法

1. 洗淨去皮的山藥切成丁。
2. 洗好的山楂切開，去核，切成小塊；處理乾淨的雞肝切片。
3. 取榨汁機，選擇乾磨刀座組合，將洗好的薏米倒入乾磨杯中。
4. 加入山楂、山藥，選擇「乾磨」功能，將食材磨碎。
5. 將磨碎的食材裝入碗中，加入雞肝。
6. 放入鹽、白醋，淋入適量芝麻油，拌勻，裝入盤中。
7. 放入燒開的蒸鍋中，蓋上蓋，用大火蒸5分鐘，至食材熟透。
8. 揭開蓋，把蒸熟的食材取出，撒上葱花，淋上少許熱油即可。

蓮子百合湯

營養功效　蓮子可養神安寧，百合能補中益氣、溫肺止咳，兩者搭配煮成甜湯，有清熱去火、安神補氣、舒暢心情的功效，新媽媽可以常食。

材料

鮮百合35克，浸發蓮子50克

調味料

白糖適量

做法

1 洗淨的蓮子用牙籤將蓮子芯挑去。
2 鍋中注水燒開，倒入蓮子。
3 加蓋，燜煮至熟透，加入白糖拌勻。
4 加入洗淨的百合，煮沸。
5 將蓮子、百合盛入湯盅。
6 放入已預熱好的蒸鍋。
7 加蓋，用慢火蒸30分鐘。
8 湯製成取出即可。

鮮魚芝士煎餅

營養功效　鱸魚含有一種叫做Y-3脂肪酸的物質，可以增加人體血清素的分泌量，緩解不良情緒，多吃鱸魚能讓人更快樂。

材料

鱸魚肉180克，馬鈴薯130克，西蘭花30克，芝士35克

調味料

食用油適量

做法

1 將去皮洗淨的馬鈴薯切塊。
2 鍋中注水燒開，放入洗淨的西蘭花，煮至斷生，撈出備用。
3 蒸鍋上火燒開，分別放入裝有馬鈴薯和魚肉的蒸盤。
4 加蓋，用中火蒸約15分鐘至食材熟軟；揭蓋，取出蒸好的食材。
5 將放涼的西蘭花剁成末；魚肉去除魚皮，切成末；馬鈴薯用刀壓成泥。
6 把馬鈴薯泥裝入碗中，放入芝士、魚肉泥、西蘭花，攪拌成魚肉團。
7 取一個盤子，抹上少許食用油，放入魚肉團，鋪勻，壓成薄餅狀，即成芝士餅坯。
8 燒熱煎鍋，倒入油，燒至三成熱，放入芝士餅坯，用小火煎至餅成焦黃色，盛出即可。

豬肉香菇粥

營養功效　豬肉富含B族維他命，對人的神經組織和精神狀態有一定的影響，可以幫助新媽媽有效控制不良情緒，遠離產後抑鬱症等。

▶ 材料

豬瘦肉60克，大米150克，浸發香菇40克，薑絲、蔥花各少許

▶ 調味料

鹽3克，雞粉4克，胡椒粉少許，生粉水3毫升，食用油適量

▶ 做法

1 洗淨的瘦肉切成片；洗淨的香菇去蒂，切成片。

2 瘦肉片倒入碗中，放入適量鹽、雞粉、生粉水、食用油，拌勻，醃漬10分鐘至入味。

3 砂鍋中倒入適量清水燒開，放入洗淨的大米、食用油，攪拌均勻。

4 燒開後用小火煮30分鐘至熟。

5 攪拌勻，放入香菇條、瘦肉片、薑絲，拌勻。

6 加入適量鹽、雞粉、胡椒粉，拌勻，煮約3分鐘至材料熟，把煮好的粥盛出，撒上蔥花即可。

雞肉炒蘑菇

營養功效　雞肉的營養非常豐富，其所含有的硒元素可以讓人保持心情愉快，因此，產後情緒不良的新媽媽可以適量食用雞肉。

▶ 材料

雞胸肉100克，蘑菇150克，紅椒15克，薑片、蒜末、蔥白各少許

▶ 調味料

鹽6克，料酒、雞粉、生粉水、食用油各適量

▶ 做法

1. 洗淨的紅椒去籽切塊，洗淨的蘑菇切片，洗淨的雞胸肉切成片。
2. 雞胸肉裝入碗中，加入少許鹽、雞粉、生粉水、食用油，醃置10分鐘。
3. 鍋中注水燒開，加入少許鹽，倒入蘑菇，煮約1分鐘。
4. 加入紅椒，再煮約半分鐘，撈出蘑菇、紅椒。
5. 把雞胸肉放入沸水鍋中，汆至變色，撈出備用。
6. 起油鍋，倒入薑片、蒜末、蔥白，爆香。
7. 倒入蘑菇、紅椒，淋入少許料酒，倒入雞胸肉，炒香。
8. 加入適量鹽、雞粉，倒入少許生粉水，炒勻盛出即可。

營養功效　本品食材豐富，其中的巴旦木仁（俗稱薄殼杏仁）富含B族維他命、鎂和鋅等，有助於皮質醇（一種壓力激素）保持在低水平，讓新媽媽心情更好。

奶香紅豆燕麥飯

材料

紅豆、燕麥仁、糙米各50克，巴旦木仁20克，牛奶300毫升

做法

1. 備好的紅豆、燕麥仁、糙米裝入碗中，混合均勻。
2. 倒入適量清水，淘洗乾淨。
3. 倒掉淘洗的水，加入牛奶、巴旦木仁。
4. 將裝有食材的碗放入燒開的蒸鍋中。
5. 蓋上蓋，用中火蒸40分鐘，至食材完全熟透。
6. 揭開蓋，把蒸好的奶香紅豆燕麥飯取出即可。

小米蒸排骨

營養功效　小米富含維他命B_1，與排骨同蒸，軟糯可口，營養豐富，能為新媽媽補充多種營養素，還具有防止消化不良、改善產後情緒的功效。

材料

排骨段400克，小米90克，薑片、蒜末、葱花各少許

調味料

鹽2克，雞粉少許，生粉5克，生抽、料酒、芝麻油各3毫升，食用油適量

做法

1. 將洗淨的排骨段裝入碗中，放入備好的薑片、蒜末。
2. 加入鹽、雞粉，淋入少許生抽、料酒，拌勻至入味。
3. 小米洗淨倒入碗中，與排骨段充分拌勻。
4. 撒上少許生粉、芝麻油，拌勻，醃一會兒。
5. 取一個盤子，倒入排骨，疊放整齊，待用。
6. 蒸鍋上火燒開，放入裝好排骨的盤子。
7. 蓋上鍋蓋，用中火蒸20分鐘至食材熟透。
8. 揭下鍋蓋，取出蒸好的排骨，趁熱撒上葱花，澆上少許熱油即可。

香蕉牛奶湯

營養功效　香蕉是改善情緒的良好食材，搭配牛奶製成甜湯，不僅能讓人心情好，還能改善產後失眠等，適合新媽媽食用。

▶ **材料**

香蕉1根，牛奶150克

▶ **調味料**

白糖20克

▶ **做法**

1 將去掉皮的香蕉果肉切成片，備用。
2 鍋中倒入約600毫升清水，用大火燒熱。
3 放入白糖，用湯勺拌勻，續煮約2分鐘至完全溶化。
4 倒入牛奶，用湯勺拌煮至沸騰。
5 放入香蕉片，拌煮約2分鐘至熟軟。
6 關火後將做好的香蕉牛奶湯盛出即可。

紫菜包飯

營養功效 本品食材多樣，營養豐富，且成菜美觀，不僅能讓新媽媽攝取多種營養，還能增進食慾，讓人心情變好，胃口大開。

材料

壽司紫菜1張，青瓜120克，紅蘿蔔100克，雞蛋1個，酸蘿蔔90克，糯米飯300克

調味料

雞粉2克，鹽5克，壽司醋4毫升，食用油適量

做法

1 洗好去皮的紅蘿蔔切條，洗好的青瓜切條。

2 雞蛋打入碗中，放入少許鹽，打散、調勻。

3 鍋中注油燒熱，倒入蛋液，轉動鍋，攤成蛋皮，取出，切條。

4 鍋中注水燒開，放入雞粉、鹽、食用油、紅蘿蔔，攪散，煮1分鐘。

5 倒入青瓜，略煮片刻，至其斷生，撈出瀝乾。

6 將糯米飯倒入碗中，加入壽司醋、鹽，攪拌勻。

7 取竹簾，放上壽司紫菜，將米飯均勻地鋪在紫菜上，壓平。

8 分別放上紅蘿蔔、青瓜、酸蘿蔔、蛋皮，捲起竹簾，壓成紫菜包飯。

9 將壓好的紫菜包飯切成大小一致的段，裝入盤中即可。

紅棗蒸南瓜

營養功效 南瓜富含維他命B_6和鐵元素，這兩種營養素都能幫助身體把所儲存的血糖轉變成葡萄糖，使人心情愉快，情緒放鬆。

▶ 材料

南瓜200克，紅棗少許

▶ 做法

1 去皮洗淨的南瓜切成小塊。
2 洗淨的紅棗切開並去除核。
3 將南瓜裝入盤中，放上紅棗。
4 將南瓜、紅棗放入蒸鍋。
5 蓋上鍋蓋，用中火蒸約15分鐘至熟透。
6 揭蓋，取出蒸好的食材，擺好盤即成。

蒸紅袍蓮子

營養功效　蓮子有養心安神、滋養補虛的功效；紅棗是常用的補血、養血食材。新媽媽食用本品，可起到穩定情緒、促進身體恢復的功效。

材料

浸發紅蓮子80克，紅棗150克

調味料

白糖3克，生粉水5毫升，食用油適量

做法

1 紅棗洗淨，切開，去除棗核。
2 將泡發好的蓮子放入紅棗中。
3 將紅棗裝入盤中，再注入少量溫開水，備用。
4 蒸鍋上火燒開，放上紅棗，中火蒸30分鐘至熟軟，取出紅棗。
5 將盤中剩餘的汁液倒入炒鍋中，燒熱，加入少許白糖、食用油。
6 倒入少許生粉水，調成糖汁，澆在紅棗上即可。

營養功效　豬血具有補血、清肺、強身的功效，能清除體內的垃圾和毒素，並有緩解焦躁和緊張情緒的作用。

豬血燉豆腐

材料

豬血180克，豆腐185克，薑片、蒜末、葱花各少許

調味料

豆瓣醬10克，雞粉2克，生粉水4毫升，鹽、食用油各適量

做法

1. 洗淨的豬血切塊，洗好的豆腐切塊。
2. 鍋中注水燒開，放入鹽、豆腐，攪勻，煮半分鐘。
3. 放入豬血，攪勻，再煮約1分鐘，撈出豬血和豆腐。
4. 用油起鍋，倒入薑片、蒜末，爆香。
5. 注入適量清水，倒入豬血和豆腐，攪勻。
6. 放入豆瓣醬，加入鹽、雞粉，攪勻調味。
7. 蓋上蓋，用小火燉2分鐘，至食材熟透。
8. 揭蓋，倒入適量生粉水勾芡，放入葱花，拌勻盛出即可。

脆皮水果巧克力

營養功效　巧克力是改善不良情緒的常見食材之一，搭配聖女果和香蕉製成脆皮巧克力，造型可愛，味道可口，適合產後心情不佳的新媽媽作為零食食用。

材料

聖女果（小番茄）80克，香蕉150克，可可粉25克

調味料

蜂蜜25克，椰子油40毫升

做法

1. 香蕉去皮，切成厚片；洗淨的聖女果去蒂。
2. 用牙籤串上香蕉片，擺放在盤子周圍。
3. 同樣用牙籤將聖女果串好擺放在盤中。
4. 放入冰箱冷凍室，冷凍12個小時至表面掛霜。
5. 往備好的碗中倒入可可粉、椰子油，拌勻。
6. 倒入蜂蜜，再次拌勻，製成脆皮醬待用。
7. 取出冷凍好的香蕉和聖女果，將其表面抹上一層脆皮漿。
8. 將裹好的水果擺放在盤中，待脆皮漿凝固成形後即可食用。

香草草莓生巧克力

營養功效　用椰子油、草莓粉和香草粉自製生巧克力，不僅能滿足挑剔的味蕾，還能讓新媽媽體會到自己動手製作美食的樂趣，心情也會在不知不覺中變得好起來。

▶ 材料

香草粉10克，草莓粉25克，豆漿粉35克

▶ 調味料

椰子油適量，蜂蜜30克

▶ 做法

1 往備好的碗中倒入豆漿粉、香草粉、椰子油，拌勻。
2 注入適量的涼開水，倒入蜂蜜，攪拌至濃稠。
3 用保鮮膜蓋上封嚴，放在冰箱冷藏5分鐘。
4 撕開保鮮膜，將其倒入模具中，再次放入冰箱冷藏4個小時。
5 取出模具，放上草莓粉即可。

全麥麵包

營養功效 全麥麵包含有能夠增加大腦血清素的營養物質，產後食用，不僅能讓新媽媽遠離抑鬱情緒，還能促進產後身材的恢復，一舉多得。

▶ 材料

高筋麵粉200克，全麥粉50克，雞蛋1個，酵母4克，牛油35克

▶ 調味料

細砂糖50克

▶ 做法

1. 將高筋麵粉、全麥粉、酵母倒在麵盆中，和勻。
2. 倒入細砂糖和雞蛋，拌勻，加入水，再拌勻，放入牛油。
3. 慢慢地攪拌一會兒，至材料完全融合在一起，再揉成麵糰。
4. 用電子秤依次稱取60克的4個麵糰，揉圓，放入4個紙杯中，發酵。
5. 待麵糰發酵至兩倍大，取走紙杯，把麵糰放在烤盤中，擺放整齊。
6. 烤箱預熱，將烤盤推入中層。
7. 關好烤箱門，以上、下火同為190℃的溫度烤約15分鐘，至食材熟透。
8. 斷電後取出烤盤，稍稍冷卻後拿出烤好的成品，裝盤即可。

營養功效　除了香蕉，葡萄柚也是對抑鬱症有緩解作用的水果。葡萄柚還含有大量的維他命C，它可以維持紅血球的濃度，增強新媽媽的抵抗力。

無花果葡萄柚汁

材料

葡萄柚100克，無花果40克，涼開水適量

做法

1 洗淨的葡萄柚去皮，切成小塊。
2 處理好的無花果切塊，備用。
3 備好榨汁機，倒入葡萄柚塊、無花果塊。
4 倒入適量的涼開水。
5 蓋上蓋，調轉旋鈕至1檔，榨取果汁。
6 打開蓋，將榨好的果汁倒入杯中即可。

菠菜炒雞蛋

營養功效　菠菜搭配雞蛋，營養豐富好吸收，還能增強人體的免疫力，幫助新媽媽對抗多種產後不良情緒。

材料

菠菜65克，雞蛋2個，彩椒10克

調味料

鹽、雞粉各2克，食用油適量

做法

1 洗淨的彩椒切開，去籽，切成丁；洗好的菠菜切成粒。
2 雞蛋打入碗中，加入適量鹽、雞粉，攪勻打散，製成蛋液。
3 用油起鍋，倒入蛋液，翻炒均勻。
4 加入彩椒，翻炒勻，倒入菠菜粒，炒至食材熟軟。
5 關火後盛出炒好的菜肴，裝入盤中即可。

香蕉拌桃片

營養功效　心情不好的時候，不妨多吃點兒水果吧！這款涼拌水果，食材種類豐富，其中的香蕉和檸檬是改善情緒的優良水果，新媽媽不妨多吃一點兒。

材料

香蕉85克，檸檬35克，葡萄65克，桃子120克

調味料

白糖少許

做法

1 洗淨的香蕉剝去皮，把果肉切小塊，備用。
2 洗好去皮的桃子切取果肉，切小塊，備用。
3 取一個果盤，放入切好的香蕉、桃子。
4 放入洗淨去皮去核的葡萄。
5 撒上適量白糖，擠上檸檬汁即成。

自我認同，自我鼓勵

新媽媽應該成為自己情緒的主人，如果一味受不良情緒的「控制」，會讓新媽媽感覺備受折磨。相反，新媽媽要學會自我認同和鼓勵，轉變自己的內心，才不會在不良情緒的惡性循環中難以自拔。

自我認同

自我認同是個體對自己行為或心理的認可，有正面和負面之分。新媽媽產後的不良情緒來源於錯誤認同引起的錯誤信念，新媽媽要想擺脱不良情緒，就要修正自我認同，建立正面的、積極的自我認同。

1 認同自己的角色轉變。隨着寶寶的降生，新媽媽的身體和心理的轉變也隨之而來。這時，新媽媽要正確認識自己，正視自己的變化，從而轉變自己的錯誤認識，緩解不良情緒的困擾。

2 肯定自己的努力和付出。新媽媽可多想一些自己做的、令人稱讚的事情以及自己對寶寶的愛，不要盲目盯着自己的某些缺點和不足，畢竟人無完人，養育一個新生命需要更多的愛，也需要經驗。

3 對自己積極的想法和信念做出肯定，新媽媽的情緒才會偏向積極的一面。及時糾正自己的錯誤想法和做法，有意識地轉變自我評判的標準，不刻意追求完美，正確的信念會帶動良好情緒的產生，從而得到積極的自我認同。

自我鼓勵

鼓勵，多用來描述內心狀態，會對人們的行動起到引導、推動、加強的作用。新媽媽積極的自我鼓勵會帶動正面情緒，從而減少不良情緒的發生。新媽媽不妨從以下幾個方面做起，多對自己進行鼓勵。

- 正面的思維方式會增強內心的正面情緒。新媽媽要有意識地調動內心的積極想法，過度貶低自己的努力或是太過嚴苛地要求自己，都會讓自己的情緒處於緊繃狀態，稍有過失或沒達到預定目標，不良情緒就會產生，這些都是不正確的做法。
- 積極的話語會增強內心的正面情緒。「我能行」、「我可以做得很好」等肯定的話語，新媽媽要常常對自己説，要有勇氣和信心面對生活中的問題。新媽媽通過積極的話語鼓勵、提醒自己，不要被不良情緒所控制。
- 鼓勵自己正視不良情緒並嘗試接受它，新媽媽不要因為情緒不佳就苛責自己或家人。相反，嘗試着接受並讓自己做出一些改變，和親近的人傾訴會讓情況有所好轉。不良情緒屬正常現象，不要過分擔心。
- 將注意力轉移到自己更擅長的方面，多關注自己的優點、長處並適時給自己鼓勵，這樣做會讓新媽媽更有成就感，也是自我鼓勵的方式之一。成就感帶來的喜悦和自信心，讓媽媽的正面情緒得以增強，從而緩解產後不良情緒。

心理暗示，改善負面情緒

正面的、積極的心理暗示會激發新媽媽的良好情緒，使抑鬱、焦躁的負面「氣焰」得以削減。怎樣進行積極的心理暗示，糾正錯誤的暗示方法，是很多新媽媽自我調節情緒時要學習的。

形成積極的心理暗示

心理暗示，是指人接受外界或自己的願望、觀念、情緒、判斷、態度影響的心理特點，也有積極和消極之分。消極的心理暗示是抑鬱、焦慮情緒的源頭，也是加重新媽媽不良情緒的助推劑，甚至可能發展成為心理疾病；積極的心理暗示才是安慰劑，是緩解不良情緒的法寶。

對自己多說一些鼓勵的話

積極、正能量的話語會使新媽媽的情緒偏向積極的一面，「今天我會做得更好一些」、「做得不錯，其實也沒那麼難，堅持下去」、「加油，已經比之前好很多了」。可能初次這麼做時，會讓新媽媽感到難為情，甚至覺得自言自語有點傻，但積極的話，真的可以增強信心，也會給新媽媽積極的暗示，從而使其以樂觀的心態面對生活的煩惱。

多對自己微笑

微笑，可以將面部肌肉衝動傳遞到大腦的情緒控制中心，使神經中樞的化學物質發生改變，從而使人心情趨向快樂，得到積極的心理暗示。如果新媽媽情緒不好，笑不起來，可以聽聽相聲、小品或者和愛説愛笑的朋友在一起，用微笑減輕心理負擔，趕走憂愁和抑鬱。

多看到問題的積極影響

凡事都有兩面性，情緒不穩定的新媽媽往往只看見事物陰暗、消極的一面，甚至絕對化。新媽媽要有意識地轉變自己的思維方式，學會自我控制和調節，不能任由不良情緒支配，遇事要往好的方面想，不要太悲觀。

糾正錯誤的心理暗示

受產後不良情緒困擾的新媽媽多存在一些錯誤的心理暗示。例如：我怎麼這麼失敗，連寶寶都照顧不好！怎麼就不能再好一點，再完美一點，這樣我就是100分媽媽了等等，諸如此類的想法。很多媽媽經常這樣想，卻沒有發覺自身存在的錯誤，從而一直處於被不良情緒困擾的惡性循環當中，尤其是已經出現甚至頻繁出現以下這些想法的新媽媽要格外注意。

過於追求完美

完美主義媽媽不在少數，產後很快想要恢復到產前的完美身材，或者當寶寶出生之後，想要給寶寶完美的愛與呵護。這在無形中為自己設定了不切實際的高標準，刻板地遵循並以「完美」的高度來衡量自身價值。稍有不滿意，就過分自責或情緒激動，成為完美主義的「奴隸」。因此，新媽媽要用寬容的心態看待人和事，慢慢接受不完美的自己和他人。

強調負面信息，常自卑

新媽媽缺乏餵養孩子的經驗，面對不擅長的事情，總是過於強調負面信息，還沒開始做就「打退堂鼓」，覺得自己肯定做不好，害怕失敗，尤其是遇到困難之後更是感到難堪，甚至會覺得自己很沒用，否定自己的一切。新媽媽要建立良好的情緒，學會肯定自己，儘量拋開負面情緒的影響。

給自己貼上失敗的「標籤」

「我從來沒做過，肯定做不好」、「想想就覺得很難，還是算了吧」諸如此類的心理暗示，已經給了自己很大的負擔。即使可以做好的事情，在這種情緒的影響下也變得難以完成。所以，不要隨便給自己貼上失敗的「標籤」，更不要打擊自己的信心，即使偶爾失敗、偶爾做得不盡如人意也沒關係，下次改進就好。

常出現偏執、極端的想法

有少數新媽媽會出現不想接觸孩子、傷害孩子等極端的想法，這要引起足夠的重視。新媽媽要學會排解心中的不快，而不是獨自承受產後不良情緒的「折磨」，偏執、極端的想法更是不應該出現，必要時可以接受心理諮詢。

關注自己，嘗試放鬆充電

自我認同和積極的心理暗示，可以讓新媽媽從內在層面緩解產後不良情緒；同時還可以進行一些放鬆、充電訓練，讓新媽媽從外在層面克服情緒困擾。

自我放鬆訓練

自我放鬆訓練也稱為放鬆療法、鬆弛療法，是一種通過訓練，有意識地控制自身的心理活動、降低喚醒水平、改善機體功能紊亂的心理治療方法。常見的訓練方法包括：胸腹式深呼吸交替訓練、漸進肌肉放鬆和自我冥想訓練。

胸腹式深呼吸交替訓練

深呼吸，可以使身體各組織器官和呼吸節律發生共振，從而達到放鬆的效果。其訓練方法簡單，也不受場所、時間的限制。

方法指導　新媽媽平躺在床上，兩手分別放於胸部和腹部，閉上雙眼，放鬆身心，感覺肺部的張合，調整呼吸的節奏，感受身體肌肉的放鬆。用鼻子深吸一口氣，使空氣進入胸腔，胸部隨之隆起，放在胸部的手也隨着升高，感受空氣停留在胸腔，然後慢慢呼氣，胸部回落。以此交替反復訓練，體驗胸部、腹部起伏以及呼吸時的放鬆感覺。

Tips

在做訓練時，不要因盲目追求深度呼吸而憋氣，新媽媽要根據自己的呼吸頻率和特點，適當調整。刻意憋氣會打亂呼吸的節奏，並不能起到放鬆的作用。

自我冥想訓練

冥想，簡單地説就是停止意識對外的一切活動，達到「忘我之境」的心靈自律行為。新媽媽跟隨指導語進行練習，通過想像輕鬆、愉悦的情景（如高山、大海等）達到放鬆身心的目的，練習時間可以堅持幾分鐘、十幾分鐘甚至更長。

方法指導　先閉上雙眼，調整坐姿，找到舒適位置，鬆弛身體，感受頭腦中出現的畫面或想法，不去理會。開始想像秋天的天空，寬廣而晴朗，雲朵像是柔軟的棉絮，在天空中飄過，消失在無盡的遠處；遠處還有深綠色的群山，巍峨聳立……

Tips

冥想畫面可以根據自己的喜好選擇。如果想像動態畫面比較吃力，也可先從靜態畫面想起，堅持訓練，有助於平復情緒。

充電學習

從懷孕到生產再到產後，很多媽媽會有幾個月甚至更長的時間處於離開工作崗位的狀態，但這並不意味着新媽媽要與社會「脱節」。相反，產後的空閑時間比較多，新媽媽不妨利用起來，為自己充電，既有利於心態平和，還能提高自信心，以下方法可以嘗試。

- 多看新聞、關注時事。新媽媽通過電視關注社會熱點，掌握時政新聞，避免與社會脱軌，拓寬知識面。
- 網絡資源豐富，電腦、手機功能強大，新媽媽可以根據自身的興趣愛好，通過電腦、手機等學習。如果是產褥期的新媽媽，不宜長時間用眼，避免損傷視力。
- 相比較網絡資源，讀書看報所獲得的知識更具權威性。如果周圍有圖書館就更好了，新媽媽可以充分利用，既能獲取知識，又能提高自身修養和氣質。
- 除以上方法之外，新媽媽還可以嘗試動手學習。例如：為寶寶做美食或者做手工藝品等，以增進親子關係，使心情愉悦。

豐富生活，適時變換角色

初為人母，角色的轉變讓新媽媽身上的責任又增添了許多，在努力成為一名好母親時，也不要忘記，你還是妻子，是女兒，也是別人的朋友。適時變換角色，會讓自己獲得情感上的慰藉，也能更好地適應媽媽的角色。

享受溫情的親子時光

在傳統觀念裏，新媽媽的主要工作就是恢復身體，甚至照顧寶寶的工作都應該交由長輩和丈夫來完成，其實這種做法不利於親子關係的建立。相反，新媽媽和寶寶的親密接觸、對寶寶的日常照顧，不僅對寶寶有益，對新媽媽的產後心理健康也有積極作用。

- 母乳餵養，不僅僅是滿足寶寶的生理需要，更重要的是通過肌膚接觸、眼神交流等，給寶寶必要的安全感。
- 與寶寶玩耍，享受溫馨的親子時光，不僅可以增進母子之間的感情，也可以讓新媽媽的不良情緒在玩耍中得到緩解。
- 新媽媽也可以給寶寶記成長日記，細心地觀察和記錄寶寶成長中的變化，將自己的切身感受通過文字的形式記錄下來。

調劑融洽的夫妻關係

很多新媽媽會在產後抱怨自己的丈夫不夠細心、不夠體貼並懷念之前甜蜜的二人世界，夫妻之間的摩擦也明顯增多了，有時候是因為寶寶，有時候是因為家務，這些摩擦都是產後不良情緒的誘因。

- 愛與責任是夫妻感情的基石，新媽媽要堅信丈夫對自己的愛，不要多疑和猜忌。也許丈夫只是沉浸在寶寶降生的喜悦中，還沒回過神兒來。寶寶的降生並不影響對自己的關注。

- 溝通是消除夫妻摩擦的良藥，溝通的時機、方式都對溝通的效果有影響，雙方應在都有時間且情緒穩定的時候，再心平氣和地溝通。
- 如果可以，寶寶可以交由長輩暫時照顧，新媽媽可以和丈夫再次享受一下二人世界，去之前常去的地方單獨約會一次，這都有利於夫妻關係的融洽，找回從前的感覺。

回歸女兒角色緩解情緒

隨着寶寶的降生，自己升級為媽媽，也還是兒媳，相處不融洽的婆媳關係，讓新媽媽倍感壓力，不良情緒也隨之產生。但別忘記自己還是爸爸媽媽的女兒，回歸女兒的角色，讓爸爸媽媽的寬慰來緩解產後不良情緒。

- 當新媽媽感覺無人傾訴或不被理解的時候，可以跟自己的媽媽聊聊天、撒撒嬌或者發洩一下內心的不滿，自己的媽媽有過切身體會和經驗，會循循善誘，解答新媽媽心中的疑慮，寬慰新媽媽，從而平復心緒。
- 大部分的摩擦源於誤會，而誤會多是因為溝通不及時。新媽媽可以嘗試和公婆交流自己內心的想法，儘量融洽公婆和自己之間的關係，增進彼此之間的感情，新媽媽的情緒能得以緩解，也利於家庭和睦。

獲取友情的支持和力量

除去和家人層面的關係，新媽媽還扮演着朋友的角色。朋友間的友誼和傾訴，會有效緩解新媽媽的不良情緒。

- 如果條件允許，可以先將寶寶交由家人照顧，新媽媽可以單獨外出和朋友小聚，放鬆情緒，或向朋友傾訴內心的不悅，轉換心情。
- 朋友中有同為新晉媽媽或者有豐富帶寶寶經驗的，彼此之間可能面臨同樣的困擾，多溝通，會讓新媽媽得到認同和理解，還能獲得育兒經驗和作為「過來人」的經驗分享，為戰勝不良情緒增強信心。

自我調節，釋放不良情緒

及早意識到不良情緒，並在沒有變得嚴重之前將其合理釋放出來，是改善不良情緒的有效辦法之一。已經被產後不良情緒所困擾的新媽媽，不妨試試以下這些釋放方法。

學會傾訴，擺脫不良情緒

傾訴是一種重要的宣洩方式，家人、朋友都是新媽媽的傾訴對象，聊天是普通、便捷的方式。新媽媽將自己心中的不快、困惑和煩惱傾訴出來，以得到別人的安慰和理解，從而排解不良情緒，使心情變得愉悦。除此之外，郵件、電話甚至書信也是可以選擇的傾訴方式，但不是每個人都是合適的傾訴對象，傾訴中哪些問題需要注意，新媽媽也要了解。

選擇能懂你的人

新媽媽的傾訴對象宜選擇和自己看問題的角度和價值觀沒有太大差異的人，可以藉着對方的傾聽和共鳴，將自己的不良情緒釋放掉。如果對方提供的建議讓新媽媽感覺彆扭甚至更不舒服，舊的問題沒有解決，又增添了新的問題，那這樣的傾訴對象就是不合適的，找一個懂自己的人來傾訴很重要。

選擇會幫你的人

選擇傾訴對象最好是有閱歷、有思想並且能夠啟發、開導和提出建議的人，是可以付出時間和精力，願意和新媽媽一起分擔，提供具體幫助的人。

選擇良機

找准傾訴的時機，新媽媽不要在對方沒有時間的時候或者對方情緒也不好的時候向其傾訴自己內心的煩惱。這樣會讓對方無暇顧及，甚至產生反感。新媽媽的不良情緒也會因為對方的反應，雪上加霜。

適當運動，化解不良情緒

有研究表明，通過運動，大腦中會分泌一種可以支配心理和行為的肽類，其中包含一種「內啡肽」的物質，被稱為「快樂素」，可以使人產生愉悦感。當新媽媽情緒糟糕時，可以選擇通過適當運動來化解內心的不良情緒，從而讓自己開心起來。

拳擊運動，在出拳收拳的同時可以將新媽媽緊張、憤怒的情緒一掃而空；瑜伽訓練配合冥想和深呼吸，可以釋放新媽媽的壓力，提高睡眠質量；跑步會促使新媽媽內啡肽和腎上腺素大量釋放，從而抗擊抑鬱的情緒，讓新媽媽快樂起來。其他的運動方式還有許多種，新媽媽可以根據自己的喜好選擇，但運動中要注意安全，避免誤傷身體。

流些眼淚，帶走不良情緒

科研人員通過對眼淚化學成分的分析發現，淚水中含有腦啡肽複合物和催乳素。專家認為，眼淚可以把體內積蓄的、導致抑鬱的化學物質清除，從而減輕心理壓力。

新媽媽感覺內心抑鬱時，可以嘗試一個人在房間裏，拉上窗簾，播放一張催人淚下的CD或者悲劇電影，藉着悲傷的氛圍，將自己內心積壓已久的情緒釋放出來，如果強忍在心裏只會使不良情緒惡化；而痛哭一場，可以緩解痛苦，讓緊張的心理找回寧靜，使自己在壓抑的生活中得到放鬆的機會。

Chapter 4

溝通＋理解，構建親情療癒網

家是心靈的寄託和溫暖的港灣，溝通是人與人之間的橋樑。對於新媽媽來說，產後情緒的調節離不開與家人的溝通和交流。本章將教您掌握產後與家人溝通的技巧，輕鬆構建親情療癒網，療癒身心不再難。

家人的理解和支持很重要

對多數新媽媽來說，如何在家庭中用合適的方式表達自己的感受和需求，並獲得家人的理解和支持，與家人和諧相處，對產後情緒的影響至關重要。

家庭成員關係對產婦心理健康的影響

家庭中的成員主要包括父母、子女及其他共同生活的親屬，每個成員往往承擔多種不同的角色，形成錯綜複雜的家庭關係。主要形式是婚姻關係（夫妻）和親子關係（家長與子女）。

家庭成員關係的分類

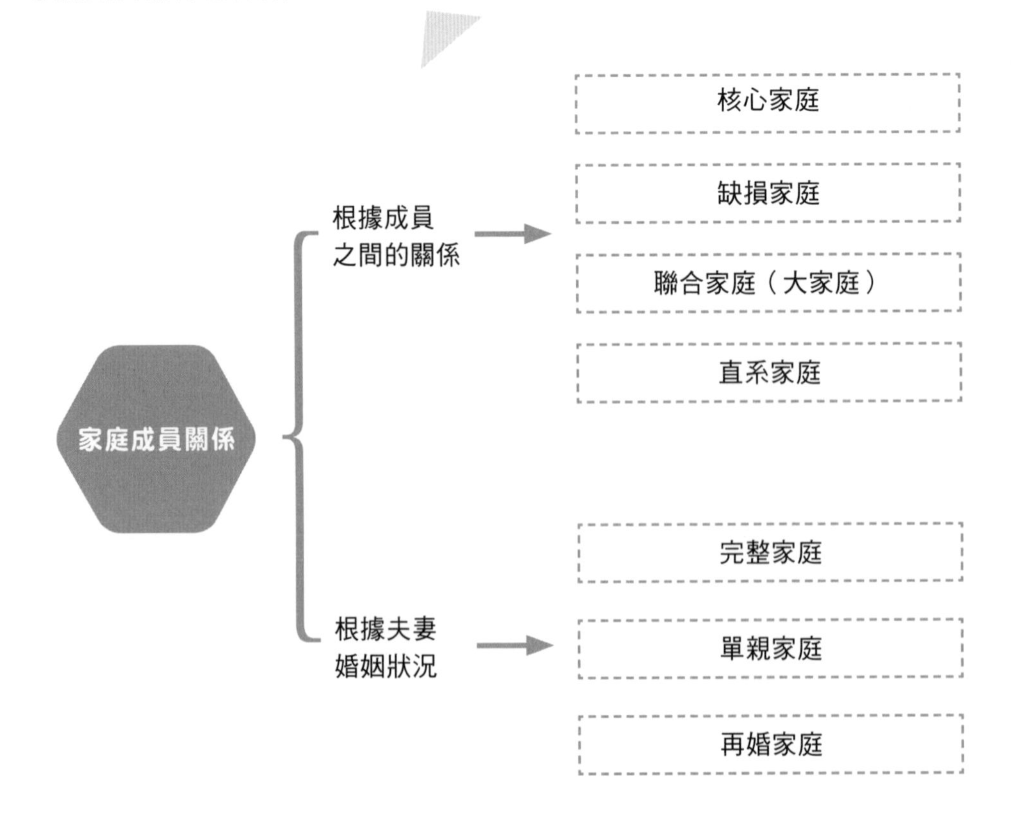

家庭成員關係的三種模式

一般來說，可以把家庭成員之間的關係分為以下三種模式。

● 親密和信任模式：

主要表現為夫妻之間互相尊敬、互相友愛、互相謙讓、互相諒解，家人之間尊老愛幼。親密和信任是家庭成員心理相容和構建心理共同體的基石，是家庭關係和諧的基本內容。只要這個心理共同體不破裂，即使家庭成員離散了，家庭關係依然存在。

● 矛盾和障礙模式：

主要表現為家庭成員間經常處於有矛盾和障礙的人際關係中，造成這種家庭矛盾和溝通障礙的因素主要有社會、文化和個體三個方面。

1 社會因素
主要包括社會的政治、經濟地位差距

2 文化因素
主要有語言、生活習俗、宗教信仰和受教育程度的差異

3 個體因素
包括個人的價值觀、興趣愛好、生活習慣、性格特點等差異

● 衝突和爭鬥模式：

家庭成員之間由於價值觀、生活態度、生活方式以及利益關係等不協調而產生的嚴重化、公開化的矛盾和對立，主要包括夫妻衝突、直系家庭中的婆媳衝突、代際衝突等，其中，最基本的是夫妻衝突。如果這些衝突經常發生而又沒有得到及時解決，會導致整個家庭的不穩定和家庭功能的失調，甚至家庭結構的解體。

家庭成員關係的考察與自測

常用的考察家庭成員關係的方法主要有兩種，第一種是從家庭成員關係的親密度和適應性來考察，第二種則是從適應、合作、成長、情感及親密這五個方面來考察。

親密度和適應性是家庭成員關係的主要成分，其中，親密度是指家庭成員之間的情感聯繫；適應性是指家庭體系隨家庭處境的改變和家庭不同發展階段出現的問題而相應改變的能力。

第二種考察方法主要分為五個方面，為此，有專家專門從這五個不同的方面設計了五個問題，組成了APGAR家庭功能問卷，問卷中的題目代表了家庭成員關係的主要內容。

家庭功能問卷

序號	題目	經常這樣	有時這樣	幾乎很少
1	當我遇到困難時，可以從家人那得到滿意的幫助	2	1	0
2	我很滿意家人與我討論各種事情以及分擔問題的方式	2	1	0
3	希望從事新的活動或尋求發展時，家人都能接受且給予支持	2	1	0
4	我很滿意家人對我表達感情的方式以及對我的情緒反應方式	2	1	0
5	我很滿意家人與我共度時光的方式	2	1	0

測試說明：以上問卷中的每個問題都有3個答案，新媽媽要根據自己的實際情況進行選擇，「經常這樣」得2分，「有時這樣」得1分，「幾乎很少」不得分，最後計算總分。若總分為7～10分，表示家庭成員關係良好；4～6分，表示家庭成員關係一般；0～3分，表示家庭成員關係不好。

家庭關係對產婦心理的影響

家庭關係對產婦心理的影響主要分為正反兩個方面。

從正面來說，家庭中各種關係協調，家庭氣氛和諧，有利於促進產婦的心理和生理健康。完善的家庭支持系統是預防和抵禦產後抑鬱症的有效盾牌。除了丈夫要給妻子足夠的關心之外，其他家庭成員也是這個支持系統不可或缺的組成部分。假如新媽媽感覺到身邊的每一個家庭成員都能肯定她的辛苦和付出，並給予和孕期一樣的照顧，她內心的期待便會得到很大的滿足，也就不容易在產後產生焦慮、抑鬱等不良情緒。

從反面來講，在不和諧的人際關係甚至是衝突的家庭環境中，產婦發生產後抑鬱的可能性會比較大。生完孩子之後，產婦本身就面臨着照護新生兒和坐月子來調理身體等重任，若是處於不和諧的家庭氛圍中，時常爭吵，發生磕磕碰碰，長此以往，難免會積累很多負面情緒，加大心理壓力，最終誘發產後抑鬱。

因此，新媽媽和家人在產後要積極構建和諧穩定的家庭關係，用良好的心態和正確的方法處理家庭成員之間的矛盾，這對新媽媽預防產後抑鬱和寶寶身心的健康成長都有好處。

家人的態度直接影響產婦的情緒

寶寶出生之後，家人對產婦的態度多多少少都會發生一些變化，這些將直接影響新媽媽產後情緒的調節，應引起足夠的重視。

貼心照護產後新媽媽

如果家人能在產後貼心照顧剛分娩完的新媽媽，給予她無微不至的關心與呵護，幫助她坐好月子，帶好孩子，新媽媽在產後身體恢復的同時，也能保持好的心情，對於調控產後情緒有利。

關注重點轉移到了寶寶身上

新生兒的到來給家庭帶來了歡樂，也帶來了更多的瑣事。女性由孕媽媽升級為新媽媽的同時，先前備受關注和寵愛的地位發生改變，家庭生活的重心一下子由自己變成了寶寶，全家人都圍着寶寶在轉，一會兒要抱他（她）、一會兒要餵他（她）、一會兒逗他（她）玩、一會兒要給他（她）換尿布……完全忽略了新媽媽的情感需求，導致新媽媽孤獨、落寞，缺乏安全感等。現在很多產婦是獨生女，從小到大一直是家庭關注的焦點，而在這個特殊的時期，家人關注點的轉移會讓產婦內心產生很大落差。與此同時，新媽媽還要兼顧照看新生兒的重任，特別是對於沒有經驗的新媽媽來說，可能會措手不及，容易導致產後不良情緒的產生。

部分家庭存在「重男輕女」或「重女輕男」的思想

有的家庭會存在「重男輕女」或者「重女輕男」的思想，比如，「重男輕女」的家庭會認為只有生了男孩才能傳宗接代，其實這是不對的。

對於新媽媽來說，十月懷胎原本就是很辛苦的事情；從科學的角度來說，生男孩或者生女孩的概率是一樣的，都是50%，這是不可控的，並不能完全由人來決定；

更何況，新媽媽分娩之後，生男生女是既定的事實，無法改變。

因此，家人應該樹立正確的觀念，不管新媽媽生的是男孩還是女孩，都不要在她面前抱怨，應讓她覺得自己和孩子在家人心目中佔有同樣重要的地位。只有這樣，才能維護好新媽媽的自尊心，讓她保持良好的產後情緒。

從孕期開始關注準媽媽的情緒

懷孕生子對於大多數女人來說，是一個很特殊的人生階段，這一階段除了會讓女性發生生理改變之外，還容易激發情緒問題，影響身心健康。

從懷孕到分娩及產褥期的過程中，女性會經歷不同程度的情緒波動：

如果準媽媽長期處於某種不良情緒中，勢必會損害胎寶寶的健康成長，其自身也容易患上產後抑鬱症。因此，從決定孕育新生命的那一刻起，准爸爸及其他家人就要多關注準媽媽的情緒狀態。

- 為準媽媽營造寬鬆的家庭氛圍，使其產生愉悦的情緒體驗，不要給她過多的壓力。
- 關注自身的情緒狀態，以免惡劣情緒在家庭中蔓延，從而間接影響準媽媽的情緒。
- 當準媽媽出現不良情緒時，一定要及時疏導和調節，以免不良情緒堆積、惡化。

肯定新媽媽的辛苦和付出

分娩之後，新媽媽除了要關注自己的身體恢復，更多的時間是要照護好新生兒。剛出生的寶寶嬌嫩又脆弱，需要媽媽悉心呵護，才能健康成長。在這一過程中，新媽媽擔負着餵養兼照護的雙重責任，所付出的辛苦和努力是不言而喻的。尤其是需要餵母乳的新媽媽，由於母乳餵養是不定時的，寶寶餓了就要餵，即使是在半夜也不能間斷，有的新生兒還常常哭鬧，讓新媽媽睡不好覺，非常辛苦。

此時此刻，家人一定要肯定新媽媽的辛勤付出，必要時多幫她一起照顧寶寶。即使偶爾新媽媽因為勞累而抱怨，也應多給予理解和寬容，多寬慰新媽媽，並在生活起居上對新媽媽多些照顧，以減輕新媽媽的負擔和心理壓力，幫她改善引起消極情緒的因素。

寬容對待新媽媽的不良情緒

產後抑鬱症的預防和治療並不完全是新媽媽一個人的事情，身邊的家人也應該關愛並協助她一起對抗抑鬱；因為家人的寬容和理解是減輕和消除新媽媽產後抑鬱症的有效方法。

當新媽媽在產後出現多種不良情緒的時候，丈夫、父母和公婆應該理解新媽媽所承受的痛苦和煩惱，多體諒她，表示理解和感同身受，給予寬容，積極地幫助患有產後抑鬱症的新媽媽早日走出陰霾，並重新找回之前的自信。

家人要以一顆寬容的心對待新媽媽的不良情緒，避免責怪她不夠堅強、太嬌氣或者太依賴等，否則只會增加她的心理負擔，加重抑鬱情緒。

莫把產後抑鬱情緒當矯情

都說「產後三日悶」，據了解，有10%～15% 的初產媽媽會發生產後抑鬱症，50%～80%會出現產後不良情緒。也就是說，10個新媽媽中會有1個新媽媽出現產後抑鬱症，有一半以上的新媽媽會發生產後情緒異常的情況。其中，產後抑鬱症是指產後的抑鬱程度達到了疾病的診斷標準，已經屬產後疾病了，需要治療；產後抑鬱是一種情緒，一種狀態，可以通過調節防止其進一步發展為產後抑鬱症。

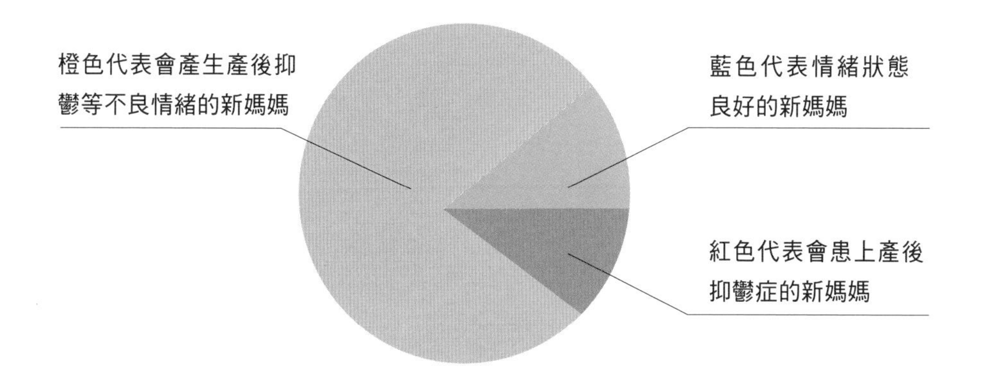

產後抑鬱症作為一種高發的產後病症，給新媽媽的生活帶來了極大的影響，病情嚴重時，患者甚至會產生自殺、自殘或者傷害嬰兒的想法。

近年來，因女性發生產後抑鬱症而導致悲劇的新聞屢見不鮮。這些大多數都是因為新媽媽及家人對於產後不良情緒不夠重視或不了解而引起的，往往釀成意外之後，才追悔莫及。

其實，產後抑鬱並不矯情，它是一種正常的情緒現象，作為新媽媽的家人，在月子期應多關注新媽媽的情緒狀態，當她出現抑鬱、焦慮、緊張、不安等不良情緒的時候，要給予她充分的理解和支持，積極防治產後抑鬱症帶來的不良影響，避免悲劇的產生，呵護媽媽和寶寶的身心健康，只有這樣，才能擁有一個美好、圓滿而幸福的家庭。

給予新媽媽必要的幫助

患有產後抑鬱的新媽媽需要得到家人的支持與幫助，不斷嘗試調整好自己的心態。如若不然，產後抑鬱很可能加重或持續更長時間，給新媽媽的身心健康帶來不利影響。

多關心新媽媽的生活

新媽媽產後，家人要多關心她的生活，幫助她坐好月子，調理好身體和情緒，避免產後抑鬱症及其他產後併發症的發生。

1 關心新媽媽的生理狀態

分娩消耗了新媽媽大量的體力，無論是順產還是剖宮產，新媽媽都會存在不同程度的傷口，需要在月子期悉心調理。否則，既會影響自身的產後恢復，也會讓心情變得焦躁、不安等。因此，家人要多關心新媽媽的身體狀況，並為其提供營養的飲食和周到的照顧。

2 關心新媽媽的心理狀態

產後不僅要關心新媽媽的生理狀態，也要關注其心理狀態。特別是如今，產後抑鬱症多發，家人要多關心新媽媽，一旦發現抑鬱的蛛絲馬跡，要及時跟她溝通，幫助她調整好心理狀態。如果新媽媽的情緒一直不穩定，家人一定要經常陪伴在她身邊，並給予及時的勸導和安慰，避免抑鬱情緒加重。

3 提供切實可行的幫助

除了表達日常關心之外，家人還要積極為產婦提供切實可行的幫助。例如：有經驗的長輩可以通過自己的親身經歷和其他經驗，為新媽媽提供調理飲食、催乳、示範餵奶等幫助，讓新媽媽更好地掌握產後保健和自我護理等方面的信息，這樣既能讓產婦身體得到更好的恢復，也能讓寶寶得到更好的養育。

陪伴，增強新媽媽的安全感

有了孩子以後，新媽媽會發生很多變化，有的價值觀會有所改變，對自己、丈夫、孩子和其他家庭成員的期望值也會更接近實際，甚至對生活的看法也會與之前有所不同。這個時候，家人要多陪伴新媽媽，幫助她擺脱消極情緒的束縛，增強安全感。

家人多陪伴，產婦少抑鬱

產後3～4天，很多新媽媽都會有產後情緒低落的現象，通常持續幾天便會消失，不需要特別治療，但家人必須要給予強有力的心理支持。有研究證實，產後家人多陪伴新媽媽，能有效減少產後抑鬱症發生的概率。因此，如果發現產婦情緒低落，出現抑鬱的傾向，家人應多陪在她身邊，給予關心與支持。

陪伴新媽媽共進晚餐

許多人在人到中年、回憶往事的時候，記憶最深的往往就是小時候一家人坐在一起吃晚飯的情景。其實，和家人一起吃晚飯也是預防和治療產後抑鬱情緒的一個重要的方式。

抑鬱症的一個主要症狀就是孤獨感，跟家人一起進餐，能有效幫助新媽媽克服孤獨感；畢竟，晚餐時瀰漫的那種親情和關照的氛圍是其他環境都不能取代的。家庭晚餐不僅僅是一頓飯那麼簡單，它強調了家庭的重要性，在無形中告訴餐桌上的每一個人，他活在這個世界上並不孤單，有愛他、關心他的親人。

陪伴，無時無刻不在進行

除了陪伴新媽媽共進晚餐，家人還可以陪伴新媽媽做很多事情，改善產後情緒。

- 陪伴新媽媽一起聽音樂、看電視
- 陪伴新媽媽一起照顧新生兒
- 陪伴新媽媽一起為寶寶選購日常用品
- 陪伴新媽媽一起聊天

傾聽，理解新媽媽的困擾

產後，家人除了要在生活上多關心體貼新媽媽之外，還要多陪她聊聊天，給予積極的關注，學會傾聽，這也是預防和治療產後抑鬱症的一個重要內容。

傾聽很重要

對於新媽媽來説，有時候，她可能只是需要一個聽眾，而不是一個老師，陪伴和傾聽對於新媽媽來説非常重要。在新媽媽精神狀態不好時，親人要耐心地聽她訴説自己在生活中遇到的各種問題，做好心理疏導工作，減輕其心理負擔。

掌握傾聽的藝術

聽不是簡單地用耳朵來聽説話者的言辭，它也是一門藝術，需要一個人全身心地去感受對方在談話過程中表達的言語信息和非言語信息。

尊重新媽媽

在跟新媽媽交流的過程中，切記不要打斷她的話，要讓對方把話説完，也不要深究那些不重要或不相關的細節。

克服自我中心

在傾聽的過程中，不要總是談論自己，重點是關注新媽媽的談話內容，也不要急於評價對方的觀點，或者匆忙下結論、表達建議等，耐心聽她説完。

適當給予回應

談話和交流時，眼神很重要。最好目光專注、柔和地看着新媽媽，並適時給出回應，比如點頭、附和，表示你正在專心傾聽。

提出解決方案

傾聽完之後，要幫助新媽媽克服她的困擾，從心理上樹立信心，讓她感受到不管遇到任何問題大家都可以幫助她，及時調整不良心態，消除心裏的煩悶。

鼓勵新媽媽表達自己的情感訴求

在產後產生消極情緒的時候，新媽媽要學會傾訴，表達自己的情感訴求。傾訴作為一種發洩的方法，可以緩解壓力，與健康有重要的關係。

對於廣大女性來說，產褥期本身就是一個特殊的時期，身體急需休養調整，所以在生活中，難免會有很多自己處理不了的事情。此時，新媽媽不要逞強，一定要積極表達自己的需求，包括情感訴求。在產後抑鬱症的治療過程中，獲得別人的幫助，建議強有力的支持網絡，能幫助新媽媽保持良好的心理狀態。那麼，該如何表達自己的情感訴求呢？

與家人直接溝通

直接溝通和交流是最簡單也是最快捷的表達自己情感訴求的方式。新媽媽可以在空閒的時間，和家人一起溝通，傾訴自己所遇到的問題，面對面的交流能有效促進親情的升溫，解決家人之間的矛盾。

充分利用互聯網和電話

如今，發達的互聯網讓人們的溝通和交流可以輕鬆實現足不出戶，隨時隨地。新媽媽在產後，由於還要坐月子和照顧新生兒，也不方便經常外出。此時就可以充分利用互聯網和電話，和自己的親朋好友打打電話、發發信息等，表達自己的情感需要。不過，新媽媽上網和玩手機的時間不宜過長，要注意勞逸結合。

寫日誌

寫日誌也能幫助新媽媽宣洩內心的喜悅或苦悶，特別是對於不太願意找人傾訴，或者周圍說得上話的人比較少的新媽媽來說，是一個不錯的選擇。除了每天寫寫心情日誌，新媽媽也可以寫孩子的成長日誌，關注孩子成長的點滴，能帶給新媽媽來自心底的喜悅，也是舒解不良情緒的一個良好方式。

其他小妙招

- 請親朋好友來家裏做客。
- 上網參加一些由新媽媽或者患產後抑鬱症的媽媽組織參與的團體活動。
- 找生過孩子的媽媽一起溝通和交流育兒經驗等。
- 有條件的可以在懷孕和生產期間僱一個助產士，產後她也能提供情感支持。

不論是和親戚、老朋友聯繫，還是認識一些讓自己感覺自在的新朋友，最重要的是，新媽媽要走出來，建立起一種人際關係，儘量讓自己的情感每天都能得到滿足。

家人多承擔照顧寶寶的任務

寶寶出生以後，除了餵母乳，其他工作都可以由新爸爸或其他家人幫忙做，這樣能減輕新媽媽的壓力。

家人可以幫忙做的事情

- 洗衣服
- 換尿布
- 洗澡
- 修剪指甲
- 為寶寶準備奶瓶
- 做好寶寶的日常護理
- 抱寶寶
- 給寶寶蓋被子
- 為寶寶做撫觸按摩
- 給寶寶進行智能訓練
- 陪寶寶玩玩具
- 哄睡寶寶

Tips

如果家人因為上班等事情比較忙的話，必要時可以請保姆或陪月來幫忙分擔新媽媽的工作。

丈夫的作用至關重要

新媽媽情緒的調整與恢復，丈夫起着至關重要的作用。新爸爸的陪伴與情感呵護是新媽媽戰勝產後不良情緒的最大動力。

安撫妻子的情緒

產後，新媽媽往往存在一定程度的情緒波動；此時，丈夫一定要多體諒新媽媽情緒的變化，當新媽媽沮喪時，應多給予支持、愛護和諒解，避免爭吵，更不要説中傷她的話。

做好妻子的飲食安排

新媽媽在坐月子期間的飲食關係到自身的身體恢復和奶水是否充足。為此，丈夫要精心安排新媽媽的飲食，多準備些營養豐富又清淡的食物。

保證新媽媽的優質睡眠

新媽媽只有保證充分的休息才能讓身體儘快恢復，並保持良好的情緒。所以，丈夫要盡可能為其營造良好的睡眠環境，保證新媽媽優質的睡眠和充足的精神。

多分擔家務

新媽媽在坐月子期間，應保證充分的休息。像掃地、拖地、做飯、洗衣服等家務活，新爸爸要主動承擔，讓新媽媽能安心坐月子，調理好身體。

幫助照顧新生兒

寶寶出生之後，照護新生兒的壓力很大，丈夫要多幫新媽媽分擔，比如幫忙換尿布、洗衣服、哄寶寶入睡等，盡可能減少新媽媽的壓力，安撫她的心情。這樣既能讓寶寶感受到爸爸的關愛，也能讓新媽媽遠離產後不良情緒的困擾。

Chapter 5

尋求專業幫助，走出心靈困境

相較於獨自一人的默默承受，尋求專業人士的幫助，會使被不良情緒困擾許久的新媽媽們獲得更為科學、全面的指導。經驗豐富的心理諮詢師可以提供很多行之有效的技術、策略和方法，讓產後媽媽從容、順利地走出心靈困境。

心理治療不可怕

產後不良情緒已經讓新媽媽倍感煩悶，但心理治療仍然是很多新媽媽不願接受的選擇。其實心理治療是一種科學、有效的改善心理問題的方法，並不可怕。

心理治療是甚麼？

很多人認為，心理治療有一種神秘感，這種神秘感源自對心理治療的種種疑惑和擔憂，究其原因還是沒有正確認識心理治療到底是甚麼。對於陌生事物存有疑問從而產生距離，這是再正常不過的表現，但不要因為不了解就切斷新媽媽獲得幫助的途徑。

心理治療（運用心理治療技術實現心理治療目標的一個過程）

- 心理治療技術，是指消除和減輕人的心理障礙，矯正不良個性與不適宜行為、促進心理健康的一類工具和手段。
- 心理治療是一種專業性的助人活動。實施這種幫助的是受過專門訓練，精通人格形成和發展的理論以及行為改變理論和技能的臨床心理學家。
- 心理治療的根本目的是幫助新媽媽改變心理行為，恢復或重建其受損的心理功能，並助其有能力返回到社會生活中去。
- 在專業的架構下進行的，這包括此種專業活動為法律或法規所認可，活動的場所和程序有一定之規，並受行業規範的監管。
- 心理治療的終止。治療達到預期效果，雙方認可達成終止；治療陷入僵局或出現干擾因素，臨床心理學家或精神科醫生提出的終止；治療失敗，新媽媽逃避改變的阻抗，單方終止。
- 新媽媽「心理性」受限，接受心理治療是因為某些方面的心理功能受損，並導致其出現生活、心理等方面的適應困難。

哪些情況需要看臨床心理學家或精神科醫生？

新媽媽可以明確感知到產後的不良情緒，但卻不清楚出現哪些情況需要看臨床心理學家或精神科醫生，不良的產後情緒並不會因為逃避而減輕，相反會加重，甚至讓新媽媽陷入惡性循環當中難以自拔。所以，陷入不良情緒困擾的新媽媽有必要知曉自己在何種情緒下需要看臨床心理學家或精神科醫生。

- 當新媽媽常常感覺自己處理不好母子、夫妻等人際關係，而表現出自責、悲觀等情緒時。
- 失眠、胃口大開或沒有食慾、難以集中注意力、不能做出選擇、揮之不去的擔憂和悲傷等抑鬱症表現持續一段時間時。
- 經常拒絕與孩子接觸、常常感到自責、想要逃離每一個人。
- 當新媽媽發現自己對幾乎所有的事情都擔心過度並無法消除，帶有強烈的恐懼感等表現時。
- 總感覺有重複的想法出現在腦海、重複性的行為或儀式等強迫症的表現行為困擾着新媽媽時。
- 少數新媽媽會出現傷害自己或他人、躁狂、偏執、妄想等想法。

心理治療法有幾種？

想要通過心理治療改善產後不良情緒，新媽媽不僅要知道甚麼是心理治療，還要清楚心理治療的種類，並選擇自己認可的方式，才能取得理想的治療效果。通常心理治療分為個體心理治療法和團體心理治療法兩類，所包含的具體種類如下。

個體心理治療法

個體心理治療法是指通過分析個體不正常的心理狀態和行為能力，採用一定的行為方式，提高個人的認識能力，幫助其解除顧慮、增強信心的方法。如何通過個體心理治療法，幫助新媽媽從產後不良情緒中順利恢復過來呢？我們就來具體了解下。

● 認知行為治療

認知行為治療的目標是通過修正歪曲的思維方式和有問題的反應方式，來改善新媽媽的產後不良情緒。

具體方法：認知行為治療一般持續3～4個月，通常臨床心理學家或精神科醫生會在和新媽媽的談話中，向新媽媽呈現她的一些認知上的錯誤，引導新媽媽修正自己的認知錯誤，建立正確的對外界事物的認知，並協助指導新媽媽在日常生活中踐行新的正確正性的認知。

適用人群：對於存在認知歪曲及想要終止某些反應方式，例如恐懼、驚嚇崩潰等表現的新媽媽，可以嘗試認知行為治療。

● 人際心理治療

個體生活中的重要關係改變，常常給人們帶來壓力或喪失感，例如新媽媽會因為生產後夫妻關係的改變或是不能處理好母子之間的關係而產生不良情緒。人際心理治療法的關注重點在母親這一角色的轉變以及帶來的不良情緒。這種治療方法能幫助新媽媽明確將要迎來甚麼或放棄甚麼，哪些變化可能會讓新媽媽招架不住，並學會如何改善不良情緒。

具體方法：人際心理治療一般持續3～4個月，每週進行1次，在人際心理

治療過程中，臨床心理學家或精神科醫生會讓新媽媽體驗到做母親的真正意義，將設想與現實作比較，幫助新媽媽明白產後不良情緒的原因，並學會該如何適應，讓新媽媽獲得更多的支持。

適用人群：因生活的改變而抑鬱或是因為做媽媽失去了和一些人的聯繫以及暴食症、躁鬱症的新媽媽可以嘗試人際心理治療，且會有不錯的效果。

心理動力學

臨床心理學家會和新媽媽探討既往經歷（比如童年的經歷）對目前產後不良情緒可能的作用，尋找產後不良情緒的潛意識原因，一般分為短期治療和長期治療。

短期治療：短期的心理動力學治療，一般持續3～4個月，每週會談1小時。在治療中，臨床心理學家會引導新媽媽進行自我的剖析，了解自己不良情緒背後的潛意識衝突和意願。治療過程中一旦潛在問題被發掘被澄清， 新媽媽會領悟到自己為甚麼心情不好，由此不好的情緒自然會緩解。

長期治療：一般沒有固定的結束期限和分明的治療結構，有的會持續幾年。當新媽媽感覺有所好轉，如果願意的話，可以進行更長的治療。心理動力學的長期治療，會幫助新媽媽更好地認識自己，重塑自己的人格。

團體心理治療法

個體心理治療法對新媽媽的產後不良情緒可以起到有效的緩解作用，而團體心理治療法又分為夫妻治療、團體治療和支持團體，對有夫妻摩擦和處理共同患有產後不良情緒的人群，有不錯的療效。

夫妻治療

很多新媽媽會覺得夫妻一起去看臨床心理學家，意味着離離婚就不遠了，但事實並非如此，適時、合理的夫妻心理治療方法不僅可以改善日益緊張的家庭關係，還可以緩解新媽媽的產後不良情緒。

在治療過程中，臨床心理學家會和夫妻兩人探討一些日常生活中的困擾問題，例如孩子照顧、財務管理、時間安排等，妨礙交流或反復發生的問題解決後，可以在很大程度上改善夫妻關係，新媽媽的產後不良情緒也會在融洽的夫妻關係中得到緩解。

團體治療

團體治療，一般由1～2名臨床心理學家主持，治療對象為具有相同或不同問題的成員，多以聚會的方式出現，具體的治療次數可根據治療對象的具體問題和情況來定。比起個體治療，團體治療的優點如下。

- 通過團體治療和支持團體，自己的行為模式和性格特點會更容易被新媽媽注意，發現並解決這些問題，並能得到其他成員的直接反饋。
- 給予支持和鼓勵，可能還會有不錯的共享資源、適合自己的好方法，讓新媽媽從中獲得力量，增強信念。
- 團體治療中非常重要的力量就是讓新媽媽感覺到不是在孤軍奮戰，團體中的其他人可以理解自身的痛苦經歷。

支持團體

支持團體治療與團體治療大部分相同，但一般沒有臨床心理學家引導。有些新媽媽會覺得支持團體會更溫和、更親近。支持團體的發展階段有哪些？如何幫助新媽媽擺脱不良情緒呢？

- 支持團體治療開始時，與陌生人分享自己的想法、情緒會讓新媽媽感覺很焦慮，尤其是注重個人隱私的新媽媽，開始的幾次會處於排斥狀態。
- 參加過幾次之後，新媽媽會逐漸適應支持團體療法，知道了團體中的事情會保密，其實有着同樣不良情緒困擾的不只是自己一個人，在心理上容易獲得理解與支持。
- 可以跟其他成員分享自己不良情緒的表現，獲得反饋時，會有完全被理解的感覺；還可以獲得更多對抗不良情緒的方法和育兒經，慢慢戰勝不良情緒，恢復正常。

不管是團體治療還是支持團體，兩種治療方法都會圍繞大家共同關心的問題進行討論，觀察和分析有關自己和他人的心理與行為反應、情感體驗和人際關係，發現自己並不孤單，會得到很多的理解和支持，並分享智慧和經驗，從而使自己的行為和心理得以改善。

如何增強治療效果？

經過一段時間的心理治療，有的新媽媽會發現治療效果並不理想，是自己的問題有些嚴重，還是自己的臨床心理學家沒那麼專業？其實想要加強治療效果，可以試試以下幾個方面，這是給帶有產後不良情緒的新媽媽的一些建議。

- 需要找到一個讓新媽媽獲得支持和信任的臨床心理學家。即使是非常優秀的臨床心理學家，有些做法也會讓新媽媽覺得不安，這個時候一定要說出來。比起終止治療，跟臨床心理學家坦誠的交流是更好的選擇。
- 治療期間不僅消耗時間，還需要感情投入，要想獲得良好的治療效果，就得多投入。可以先從體驗或短期治療開始，根據自己的實際情況再做決定，積極的嘗試會讓新媽媽充分利用治療並得到效果。
- 因為產後不良情緒的「折磨」，新媽媽急切需要的是讓自己的感覺好一點，所以心理治療的首要目標是「此時此刻」（其中也可能包含過去如何影響你此時此刻的感受），要看到療效後，再去討論那些深層次的問題。
- 治療費用也是新媽媽選擇心理治療機構的比對項，新媽媽可以諮詢公司是否會提供心理治療，當地大學或學院也會有些心理治療的學習項目，會提供一些收費較低的治療服務。

Tips

和其他疾病一樣，產後不良情緒不是一時形成的，心理治療需要一段時間。新媽媽不要急於求成或盲目追求效果，當在治療過程中遇到難以逾越的問題或出現自身感覺不適時，應和臨床心理學家坦誠溝通，適當減緩治療甚至停止一段時間都是允許的，循序漸進，不能強求。

如何配合臨床心理學家？

心理治療和其他普通治療並不一樣，普通治療注重的是給予，而心理治療中，求助者是主體，也就是新媽媽本身，對治療的方向和內容有決定權，所以如何配合醫生就顯得尤為重要。良好的配合，才能取得好的治療效果，從而幫助新媽媽擺脫產後不良情緒的困擾。

- 信任，是新媽媽更好地配合臨床心理學家，實現良好的心理治療的首要條件。新媽媽的充分信任有助於臨床心理學家更好地了解新媽媽所面臨的困擾，從而幫助新媽媽擺脫產後不良情緒的影響，獲得理想的治療效果。
- 面對臨床心理學家的詢問，新媽媽要坦誠相告。臨床心理學家的詢問並不是有意刺痛新媽媽的內心，而是為了儘快查明產生不良情緒的原因，有助於良好情緒的恢復，新媽媽要盡力配合，與臨床心理學家共同努力，和不良情緒説再見。
- 新媽媽要和臨床心理學家保持聯繫，將自己的感受和情緒變化及時告知臨床心理學家，讓臨床心理學家知曉並關注自身病情的發展，新媽媽要儘量配合醫生治療，以免病情延誤或加重。
- 在治療過程中，臨床心理學家會佈置一些任務，新媽媽要認真完成，任務完成的好壞會對治療效果產生影響，新媽媽可以在安靜的時候整理自己的不良情緒並記錄下，這樣治療效果會比較明顯。
- 治療過程也是一個言語溝通的過程，新媽媽在傾訴自己的情況時，表達要有條理、有側重，事先把自己的情況逐條記錄下來，這樣能更好地和臨床心理學家溝通，也利於臨床心理學家對其情況充分了解，對症下藥。

必要時可選擇藥物治療

對於被嚴重的產後不良情緒困擾的新媽媽來說，心理治療是治療計劃中的重要部分，能緩解新媽媽的痛苦，但偶爾也需要藥物治療來協助。

哪些情況需要使用藥物治療？

我需要使用藥物治療嗎？新媽媽長期被不良情緒困擾，且通過改善生活方式等措施仍無法緩解時，難免會出現這樣的疑惑。到底在哪些情況下需要使用藥物治療，這還需要針對新媽媽的情緒狀況分別對待。

一般，由情緒低落引起的失眠、注意力難以集中、思維困難、缺乏精力等，可以採用非藥物的方式得到解決，但情況變得越來越嚴重，發展成為心理疾病時，藥物治療是新媽媽必須要面臨的事情。就像生病要吃藥一樣，必要的醫藥支持，才會幫助新媽媽從困擾中走出來，重新回到正常的生活軌道。

需要提醒新媽媽的是，如果你想要停藥，前提是抑鬱或焦慮情況已經徹底好了，要和醫生溝通好，以確定這些病症不會再出現在你身上。

藥物治療真的有效嗎？

很多準備接受藥物治療的新媽媽會產生對於藥物治療效果的質疑，真的有效果嗎？回答是肯定的，必要的藥物治療確實可以緩解新媽媽的產後不良情緒。那它們又是如何作用於身體呢？我們聽聽醫生怎麼說。

新媽媽患上抑鬱症和焦慮症，多是由於大腦中的一些化學物質的分泌失調，例如5-羥色胺、去腎上腺素或者多巴胺等分泌失調。不同藥物調節不同的化學物質，通過藥物進入身體，調節大腦分泌的化學物質，重新平衡，使其恢復到正常水平，從而讓新媽媽感覺好轉，治癒心理疾病。

使用藥物會有哪些副作用？

很多新媽媽不願接受藥物治療的原因就是擔心副作用，但沒有哪一種藥物是完全沒有副作用的，只有副作用大小之分。事先了解藥物的副作用，新媽媽可以根據自己的情況和醫生的建議合理選擇適合自己的藥物。

神經過敏或易於激動

在開始服藥時，神經過敏或易於激動，這些表現新媽媽會時有發生，尤其是服用SSRI和SNRI類藥物，但通常幾天內會消失。如果醫生允許，可以增加一些鎮定類藥物。

頭疼

頭疼，也是新媽媽剛服藥時出現的副作用，一般1～2周內會逐漸消失。可以諮詢醫生，是否需服用一些治癒頭痛的藥物。

噁心和食慾減退

隨着藥物的介入，噁心和食慾減退的現象也會隨之發生，通常1～2周內會逐漸消失。新媽媽可以多吃一些易於消化的食物，會有幫助。

口乾

口乾的症狀會一直存在，但服藥的新媽媽不必過分擔心，因為症狀會逐漸減輕，可以適當多喝水來減輕症狀。

腹瀉

在服用SSRI和SNRI類藥物時，常常會出現腹瀉，症狀一般會在幾天後自行消失。新媽媽要多喝水，避免腹瀉帶走體內過多津液，導致身體脱水。

便秘

當服用安非他酮類藥物時，新媽媽會出現便秘的症狀，也可能會一直存在。多吃一些蔬菜、水果和富含纖維的食物，還要多喝水，有助於緩解。

易疲勞嗜睡

有些藥物還會讓新媽媽感覺疲勞、嗜睡，可以選擇在睡前吃藥，如果服藥後症狀越來越嚴重，一定要告知臨床心理學家。

失眠

服用SSRI和安非他酮類的藥物後，常常會出現失眠的狀況，新媽媽可以選擇在早晨的時候服藥，不要在下午或傍晚小憩，如果症狀加重，要引起重視，並保持與臨床心理學家的溝通。

體重增加

服用米他紮平類藥物或連續服用6個月以上的SSRI類藥物時，新媽媽的體重會有所增加，平時要平衡飲食，加強鍛煉，詢問醫生是否可以更換不會引起體重增加的藥物。

性生活問題

如果新媽媽服用SSRI類藥物，性慾減退、難有高潮、性感降低這些副作用會較為明顯，新媽媽可以選擇在性生活結束之後服藥，或者考慮換一種藥，但要經過醫生的許可。

Tips

藥物的副作用會給受心理不良情緒困擾的新媽媽帶來不適，但大部分藥物的副作用會逐漸減弱，而幾天或幾周後藥效會凸顯出來。新媽媽可以記錄下自己所有的副作用症狀，如果開始嘗試新的藥物或者藥物治療讓情況越來越糟糕，這些都需要新媽媽立即通知醫生，不要擅自做主。

藥物治療會影響哺乳嗎？

還在哺乳期的新媽媽，一方面，想要儘快地從產後不良情緒的困擾中擺脱出來，另一方面，又擔心藥物進入身體，會通過乳汁給寶寶帶來傷害。使用藥物治療會影響哺乳嗎？別急，我們看看專家怎麼説。

藥物治療對哺乳期哺乳的影響

根據美國兒科學會的標準，藥物進入母乳的量佔媽媽血液中藥物量的10%以下，這表明此類藥物在哺乳期服用是安全的。研究發現，抗抑鬱類藥物進入乳汁的比例很小；所以新媽媽不必過於擔心，可以一邊哺乳，一邊吃藥。

母乳中所含有的小量藥物成分即使進入寶寶體內，健康的寶寶是有能力消化它們的。如果寶寶身體狀況不好，不能自行分解藥物成分，新媽媽就要詢問醫生是否可以繼續給寶寶哺乳。

隨着醫學研究領域的不斷擴大，對於抗抑鬱類藥物對哺乳影響的研究也在不斷加深。需要強調的一點是，從現在的醫學研究結果來看，在心理、認知和軀體上，帶有抗抑鬱藥物的母乳並沒有對寶寶的成長造成不良影響。專家一致認為，大部分的抗抑鬱藥物是可以在哺乳期服用的。

選擇部分藥物，安全有效

部分藥物治療是安全、沒有危害的，這點對於有產後不良情緒的新媽媽來説，無疑是個好消息。例如舍曲林、帕羅西汀等藥物，是經研究後證實適合哺乳期媽媽服用的。但是氟西汀等藥物會在母乳和寶寶體內積累，最終的藥量比率比較高；所以不建議剛開始就服用，以下藥物比較安全，以供新媽媽選擇。

藥品名稱	藥品分類	主治症狀	母乳藥量峰值時間（單位：小時）	哺乳期服用安全性
舍曲林	SSRI	抑鬱和焦慮	6	安全，是目前安全度較高的藥物之一
帕羅西汀	SSRI	抑鬱和焦慮	5	安全，是目前安全度較高的藥物之一
西酞普蘭	SSRI	抑鬱和焦慮	4～5	安全

減少藥物對寶寶的影響

儘管有些藥物給哺乳期媽媽服用是安全的，但新媽媽在使用藥物時仍需要適當注意細節，以減輕藥物對寶寶的不良影響。

- 在保證藥效的前提下，服藥劑量越小，寶寶吸收的藥物成分也會越少。新媽媽可以和醫生探討，找到合適的藥物劑量。
- 新媽媽把控好服藥時間，一般哺乳後，寶寶會進入睡眠階段，新媽媽可以選擇哺乳後立刻服藥，使孩子吸收到的藥物成分降低，也可以根據母乳藥量峰值，確定服藥時間。
- 一般在服藥後的6～8小時，血液中的藥物濃度最高，這時媽媽可以將含有藥物成分較多的母乳擠出扔掉，然後再哺乳寶寶，這種方法適用於月齡稍大的孩子。
- 當新媽媽體內的藥物量處於較低水平時，不妨再多擠一些母乳，保存起來以供隨後使用。擠奶比較困難，也很耗時，但為了寶寶的健康，也是不錯的方法。

遠離產後不良情緒，做個快樂新媽咪

作者
劉忠純　楊燦

編輯
譚麗琴

美術設計
鍾啟善

排版
劉葉青

出版者
萬里機構出版有限公司
香港鰂魚涌英皇道1065號東達中心1305室
電話：2564 7511
傳真：2565 5539
電郵：info@wanlibk.com
網址：http://www.wanlibk.com
http://www.facebook.com/wanlibk

發行者
香港聯合書刊物流有限公司
香港新界大埔汀麗路 36 號
中華商務印刷大廈 3 字樓
電話：2150 2100
傳真：2407 3062
電郵：info@suplogistics.com.hk

承印者
中華商務彩色印刷有限公司
香港新界大埔汀麗路 36 號

出版日期
二零一九年十一月第一次印刷

ISBN 978-962-14-7136-9